去自然，

去领略生命之力

谨以此书献给我们挚爱的版纳植物园

有鸟高飞

—— 中国科学院西双版纳热带植物园
鸟类图谱

赵江波

王西敏

顾伯健 ○ 著

中国林业出版社
China Forestry Publishing House

摄影 赵江波

本书收录

13 目

43 科

100 种

百花园
吊桥
沙洲
专家公寓
国树国花园
百果园
电站大桥
小吊桥
热带雨林区

百香园
百竹园
南药园

生态站

能源植物园
百花亭
树木园
棕榈园
博物馆
野生食用植物园

中国科学院西双版纳热带植物园海拔高度570 米，年均温度 21.5℃，年均降水量1560 毫米。全园占地 1125 公顷，收集14000 多种热带植物，共建设了 39 个植物专类园区，保存有一片面积约 250 公顷的原始热带雨林。

再版前言

　　转眼间上一版中国科学院西双版纳热带植物园鸟类出版已是八年前的事情了。这八年发生了很多事情，比如王西敏和顾伯健两位作者于 2018 年和 2019 年先后离开了版纳植物园，王西敏现在担任上海辰山植物园科普部部长一职，让他原本丰富的履历更加精彩，顾伯健前往复旦大学攻读博士学位，于 2023 年 7 月毕业，即将回到他家乡的最高学府宁夏大学任教。

　　版纳植物园的观鸟氛围也有一些改变，彼时版纳植物园除了王西敏和顾伯健两位鸟书作者外，还有张明霞、Sreekar、Salindra 和 Eben Goodale 等诸多狂热鸟友，观鸟氛围甚为浓厚，本书中的很多内容也都得益于他们的工作，但随着他们工作调动及升学求职等人事变动，也先后离开了植物园。此外，我们观鸟活动的内涵也逐步扩大，更多关注周边社区的生物多样性保护。其中，最为知名的是支持了以双辫八色鸫、绿胸八色鸫、银胸丝冠鸟和灰岩鹛鹛为明星鸟种的社区鸟塘，培养了以哈尼族小伙飘海和傣族小伙岩罕甩为代表的鸟塘塘主，改变了这里靠山吃山的传统，让鸟儿为社区居民带来持续稳定的"绿色收入"，助力实现"绿水青山就是金山银山"，因此飘海鸟塘多次被中央电视台和新华社等重要媒体的报道。此外，版纳植物园也在讲解员中培养了多位观鸟研学导师，通过她们向公众普及鸟类知识，让更多人领略鸟类的魅力。

　　目前，版纳植物园的鸟种记录由 2017 年的 267 种增加至 337 种，增加的鸟种既有白眉黄臀鹎和斑姬地鸠这些中国鸟类新记录，也有朱鹮和蓝绿鹊这些一直"潜伏"在我们身边但未被列到名录里的鸟种。鸟种新记录的产生，很大程度上依赖以李嘉斌为代表的观鸟新生力量，他以观察和钻研鸟类为乐趣，精通鸟种的识别，对叫声和行为等方面也十分了解，专注程度令人佩服。此外，以中山大学刘阳教授、盈江鸟会曾祥乐和广西科学院朱磊等也在持续地支持版纳植物园的各类观鸟活动，其中最广为人知的就是到2024年连续举办了十二届的版纳植物园观鸟节。

得益于近年来观鸟活动的推广和普及，我们欣喜地看到观鸟爱好者队伍不断壮大。观鸟活动的普及和观鸟人群的扩大反过来催生了观鸟工具书的需求，而像针对某一个特定区域的鸟书也逐渐多了起来。八年后由中国林业出版社再版，我们在上一版的基础上，修订了部分内容，更新了《中国科学院西双版纳热带植物园鸟类名录》，特别设计了便捷的信息检索与观测辅助内容。还为读者准备了图鉴百科，手机扫描书后的激活码，登录小程序，查询书中鸟种，一本移动的鸟类百科就在手中。

希望新版的这本书能帮助来到版纳植物园的鸟友更快地了解鸟况，寻找到目标鸟种，也能帮助版纳当地的讲解员和鸟塘塘主更快地熟悉家乡的鸟类资源并向外界宣传，在版纳实现人鸟和谐。

赵江波

2023 年 11 月

第一版前言

　　为版纳植物园出一本与鸟相关的书，我们想做得特别些。

　　这本书，既有鸟类图鉴的功能——拿着这本书就能知道在版纳植物园里看到的是什么鸟；又有一定的故事性——让人意识到一种鸟的背后其实有很多生态、文化的内涵。也就是说，我们希望这本书能被更多读者看到和使用，它既可以是一本面向观鸟初学者的入门书，也可以是一本面向资深观鸟者的进阶指南。

　　于是就有了您现在拿在手里的这本书。在这本书里包含的不是版纳植物园里记录到的所有鸟类，而是我们觉得"重要"的鸟种。为什么它们显得特别重要呢？

　　第一类，是在中国有着广泛的分布，同时在版纳植物园里又较为常见的，如鹊鸲、白鹡鸰、普通翠鸟、戴胜等。说个有趣的故事，由于戴胜在国内分布太普遍，加上长相奇特，每年都有无数网友在微博里咨询网络红人"博物君"，由于咨询次数太多结果导致"博物君"拒绝反复解答此鸟是什么，而大群的网友则都成为辨认戴胜的高手。由于这些鸟在中国广泛分布，基本每个当地的常见鸟种指南里都有列出，我们并不回避这种状况，只要它们在版纳植物园里常见，那我们也列出。这部分是很适合观鸟初学者的。

　　第二类，是那些在版纳植物园里较为常见但其他地区不常见的鸟，如黄腰太阳鸟、黑翅雀鹎、黑喉缝叶莺、蓝喉拟啄木鸟、纯色啄花鸟等。这些鸟对于来自云南以外地区的鸟友来说，几乎都是新种，但在西双版纳相当常见。

　　第三类，则是在版纳植物园非常有特色的种类。这些鸟几乎在国内其他地区罕有发现，而在版纳植物园却相对容易找到，包括仓鹐、灰岩鹩鹛、紫金鹃、灰头绿鸠、褐喉食蜜鸟、橙胸咬鹃、黑头鹎等。正是因为这些鸟种，才有版纳植物园在全国观鸟圈里的赫赫名声。

在文字描述中，除了对鸟种外形特征的描绘之外，我们尽可能地增加了这些鸟种背后的信息。比如，作为在版纳植物园发现的中国新记录种褐喉食蜜鸟和长尾鹦雀，我们尽可能地向读者还原当初发现这些鸟种的场景。国内西南地区近年来出现越来越多的钳嘴鹳，这与全球气候变化之间是否又有着某些联系呢？我们希望通过这样的文字，让读者体会到观鸟所能带来的不同层面的乐趣。

值得说明的是，本书的鸟类定名和分类是以《中国观鸟年报——中国鸟类名录 4.0（2016）》为依据的。《中国鸟类名录 4.0》是由国内青年鸟类学者、资深观鸟爱好者根据国际鸟类学最新研究成果而制定的。里面有一些名称和目前观鸟者普遍使用的《中国鸟类野外手册》有所不同，如《中国鸟类野外手册》里的黄肛啄花鸟在本书里被叫作黄臀啄花鸟。我们希望用这样的方式向《中国鸟类名录 4.0》的编纂者致以敬意，他们推动了鸟类学术研究和观鸟活动的融合与发展。

同样值得我们再次致敬的是《中国鸟类野外手册》的作者和出版者。可以毫不夸张地说，正是因为该书的出版，才有了中国的观鸟热潮，才在中国催生了和本书三位作者一样的众多观鸟爱好者，包括给本书提供精美图片的鸟类摄影爱好者。其中相当一部分观鸟者成为国内保护野生动植物、关注周围环境变化的重要力量。

我们希望观鸟者能够通过这本书来版纳植物园找到自己的目标鸟种，也希望西双版纳的公众，包括中小学生能够通过观鸟了解什么是生物多样性和保护生物多样性的意义。其实，我们还有一个愿望，就是把它作为面向西双版纳各景区讲解员们的培训教材，使得他们能够向来自海内外的游客自豪地介绍西双版纳独特的热带雨林和里面多彩的鸟类世界。

王西敏
中国科学院西双版纳热带植物园
2017 年 1 月

阅读说明

为帮助读者轻松入门并享受观鸟乐趣，本书特别设计了便捷的信息检索与观测辅助参考：

鸟种信息检索：每个鸟种页面均标注唯一序号，读者可通过序号在目录或正文中快速定位对应页码。

体型对比可视化：鸟类体型大小与本书本尺寸的对比图例，直观呈现鸟类真实体型差异。

科学依据说明：本书使用的鸟类分类系统依据《中国鸟类分类与分布名录（第四版）》（郑光美，2023）。鸟类的保护级别，依据《国家重点保护野生动物名录》（国家林业和草原局、农业农村部公告2021年第3号，现行有效版本）标注；濒危等级依据国际自然保护联盟（IUCN）《濒危物种红色名录》标注。

所属目

所属科

中文名

学名

英文名

版纳植物园
观鸟位置信息

物种照片

页码

页边检索

雀形目
PASSERIFORMES

阔嘴鸟科
Eurylaimidae

银胸丝冠鸟

Serilophus lunatus | Silver-breasted Broadbill

40 银胸丝冠鸟

国 II | LC

Serilophus lunatus | Silver-breasted Broadbill

长尾阔嘴鸟的尾部约占它体长的一半，使其看起来比较修长。但银胸丝冠鸟与阔嘴鸟科的其他成员一样，长着一副粗壮的身材。从正面观察，它似乎平淡无奇，但若从侧面欣赏，你会发现它确实值得细细品味：灰色的头部点缀着黄色眼周和黑色眼罩，栗色的肩背部衬托着具有蓝色翅斑的黑色翅膀。银胸丝冠鸟与同属一科的长尾阔嘴鸟一样，具有悬挂于树枝末端的鸟巢。它喜欢飞行时在树叶间捕食，经常结小群在树冠下层活动，也会与其他鸟种混群。

作为留鸟，银胸丝冠鸟在版纳植物园的种群并不稳定，只是偶尔出现在热带雨林区或者绿石林保护区，也会光顾西区的树木园或榕树园等地。如果你特别想欣赏这种鸟，而在版纳植物园未能如愿的话，那么建议你去南贡山或者西双版纳热带雨林国家公园望天树景区碰碰运气，那里的观察记录更稳定。

中国科学院西双版纳热带植物园 🌿 热带雨林区、绿石林保护区

080

书中编号

中文名

鸟与本书
比例对比

040	**银胸丝冠鸟**	
国Ⅱ LC	*Serilophus lunatus*	Silver-breasted Broadbill

濒危等级　　　学名　　　英文名

保护级别　国Ⅰ
　　　　　国Ⅱ
　　　　　空白为无保护等级

比例参照

有鸟高飞——中国科学院西双版纳热带植物园·鸟类图谱

摄影　赵江波

濒危等级

EX　灭绝

EW　野外灭绝

CR　极危

EN　濒危

VU　易危

NT　近危

LC　无危

DD　数据缺乏

NE　未评估

081

摄影 赵江波

版纳植物园概况

　　中国科学院西双版纳热带植物园（简称版纳植物园）成立于 1959 年，是集科学研究、物种保存与科普教育为一体的综合性研究机构和国内外知名的风景名胜区。全园占地面积约 1125 公顷，收集活植物 14000 多种，建有 39 个植物专类区，保存有一片面积约 250 公顷的原始热带雨林，是我国面积最大、收集物种最丰富、植物专类园区最多的植物园，也是世界上户外保存植物种数和向公众展示的植物类群数最多的植物园；同时也是进行博物观察的绝佳场所。版纳植物园拥有"全国科普教育基地""首批中国十大科技旅游基地""全国文明单位""国家知识创新基地""全国青少年科技教育基地""国家环保科普基地""全国研学旅游示范基地"等荣誉称号。

　　截至 2025 年 2 月，版纳植物园共记录了 63 种兽类、337 种鸟类、46 种爬行动物、28 种两栖动物、468 种蝴蝶、920 种蜘蛛。

西双版纳勐仑地区鸟类物种的
历史变化

　　中国云南西双版纳是亚洲物种最丰富的地区之一。西双版纳拥有中国记录鸟类物种数量的 37%。1954—1983 年期间,有多位中国和苏联鸟类学家到访该地区进行鸟类多样性调查和名录编制工作。随后,他们根据这些调查结果撰写了两部具有重要意义的专著,即由云南科技出版社出版的《云南鸟类志》(杨岚等编著,1995)和云南大学出版社出版的《西双版纳动物志》(杨德华等编著,1993)。近期大多数关于西双版纳鸟类多样性和分布的研究均在中国科学院西双版纳热带植物园内进行。一些观鸟爱好者从世界各地慕名而来,有一些比较活跃的观鸟爱好者还对版纳植物园及其周边区域的鸟类进行了长期观察。在中苏考察与近 10 年研究观察之间的这段时间,原中国科学院昆明生态研究所(后与中国科学院西双版纳热带植物园合并)科研工作人员王直军对勐仑镇的鸟类进行了调查。他是第一位记录西双版纳地区橡胶种植及狩猎对鸟类带来负面影响的学者,曾在该地区居住和工作 20 余年。表 1[1] 中对比了不同年代鸟纲中体型较大的几个科的物种数量变化情况。

表 1　勐仑附近季雨林区鸟类几个科种类变化情况及其生态位

科名	各年统计的种类数			生态位	食物及取食方式	变异系数 CV(%)
	1968 年 6 月	1980 年 5 月	1987 年 8 月至 1988 年 10 月			
雉科 Phasianidae	7	4	3	林下地面	杂食,搜集式取食	44.6
鸠鸽科 Columbidae	10	7	5	树上和地面	主要摄取植物种子及果实	34.3
鸱鸮科 Strigidae	5	4	2	森林内、外树上及地面	捕食啮齿动物和小鸟等	41.7
翠鸟科 Alcedinidae	9	6	4	沟谷林边水域	摄取一些水生脊椎和无脊椎动物	39.7
须䴕科 Capitonidae	6	6	4	主要生活于森林内树上	取食植物果实、昆虫	21.7
啄木鸟科 Picidae	9	5	3	主要在树干上取食	食物以昆虫为主,擅长凿取树干内蛀虫	53.9
八色鸫科 Pittidae	4	2	2	沟谷林下地面	搜觅取食各类昆虫	43.3

历史调查记录到的勐仑地区（50千米半径内）有231种日行性陆生留鸟，但近10年调查仅记录到这些鸟种中的153种。这表明，78个曾经被记录到的鸟种已经"消失"。Sreekar等[2]通过建立统计模型分析发现，造成这78个鸟种"消失"的因素中，有75%的因素为森林砍伐，另外25%的因素为盗猎。在这些"消失"的鸟种中，有一些物种曾在历史记录中被列为"非常常见种"，如家鸦。这种鸟在该地区消失的原因至今仍是一个谜，可能与盗猎及疾病传播有关。家鸦在西双版纳其他地区（如勐宋）仍有记录，但已经不再常见。不过，在西双版纳地区对家鸦等"消失"的鸟类进行重引入是可行的，也比较容易实现。此外，这78个物种也并没有彻底消失。被列为"消失"鸟种之一的黑领噪鹛，先前经过4年密集的鸟类调查都没有被记录到，最后在2016年西双版纳国家级自然保护区勐仑片区开展的兽类调查中被重新发现。同样，灰孔雀雉也重新被红外相机记录到。

虽然版纳植物园通过环境教育的方式使西双版纳勐仑地区的盗猎情况有所改善，但目前这种行为在当地仍然时有发生。不过我们相信，随着保育和环境教育工作的持续进行，盗猎行为可以被制止，对原始森林的破坏也会停止，当地的生态环境可以得到恢复。所有的努力将会减缓甚至阻止更多鸟种的"消失"，使珍稀鸟类的种群数量得以恢复。

Rachakonda Sreekar/文

赵江波/译

[1] 王直军.西双版纳热带森林鸟类群落结构[J].动物学研究,1991, 12：169–174.
[2] Rachakonda Sreekar, Guohualing Huang, Jiang-Bo Zhao, et al. The use of species–area relationships to partition the effects of hunting and deforestation on bird extirpations in a fragmented landscape, Diversity and Distributions,[J] Diversity Distrib., 2015, 21：441–450.

目　录

摄影 赵江波

版纳植物园的鸟

红原鸡

1

国 II | LC | *Gallus gallus* | Red Junglefowl

　　第一眼看到雄性红原鸡，会给人"这不就是大公鸡嘛！"的感觉。确实如此，尽管家鸡的起源是哪里，至今在学术界没有达成一致意见，但有多项研究表明家鸡可能最先在红原鸡的传统栖息地亚洲东南部被驯化，然后通过文化交流传遍了世界。所以雄性红原鸡看上去特别像家养的大公鸡，但是体型要小一号，腿要短一截。当地的傣族人也喜欢拿红原鸡和家鸡杂交，称为"矮脚鸡"。如果你去西双版纳的傣族寨子走一圈，经常可以看到矮脚鸡在寨子里溜达。

　　版纳植物园的绿石林肯定有红原鸡，但是最容易发现红原鸡的地方却是在版纳植物园里的高级专家公寓。几乎住在那里的每一位教授都可以告诉你，他们早上起来准备早餐或者傍晚散步的时候，看到红原鸡（有雄，也有雌的，也有带着小鸡的）机敏地悄悄走过他们面前。

　　看到你后是赶紧躲进林子里消失不见还是大摇大摆地继续觅食，这也可以作为判断眼前到底是野生的红原鸡还是家养矮脚鸡的依据。

中国科学院西双版纳热带植物园 🐦 绿石林保护区

摄影 赵江波

2 钳嘴鹳

LC | *Anastomus oscitans* | Asian Openbill

钳嘴鹳原来分布在印度和东南亚。2006 年，来自北京的中学生王亦天在大理洱源记录到了钳嘴鹳，它也因此第一次在中国被正式确认有分布。进入 2012 年，钳嘴鹳开始在中国西南地区频繁出现。云南的普洱、景东、临沧、文山、西双版纳以及贵州、广西、四川等地都陆续有了观察记录。之后，每年 4 月前后，几十只钳嘴鹳会来到版纳植物园，在百花园的池塘里或者罗梭江畔觅食，夜晚则栖息在百花园高大的攀枝花树上。这种鸟的主要食物是螺和蚌，它的到来对版纳植物园外来入侵种福寿螺的泛滥起到控制作用。到了 11 月，版纳植物园的钳嘴鹳就难觅芳踪了。

关于钳嘴鹳种群的突然北扩，一个假说是，这和气候变化导致的种群扩散有关。植物园的理查德·科利特研究员所在的国际研究团队，一直以来都将目光聚焦在最近几十年由于人类活动引起的全球气候变化而显现的影响上。2016 年 11 月 11 日，该研究团队在国际学术期刊《Science》上发表文章，证实"全球升温 1℃"这一事实已经对大范围的生物学过程（从基因水平到生态系统水平）造成了重大影响，地球上没有任何一个生态系统可以幸免。将钳嘴鹳种群北扩的原因放到这一大背景下考量，则更为合理。

中国科学院西双版纳热带植物园 🌿 百花园

摄影 赵江波

3　栗苇鳽

LC *Ixobrychus cinnamomeus* ｜ Cinnamon Bittern

在百花园漫步的时候，突然一只中等体型的鸟从池塘边飞起，你根本来不及看清细节，只觉得一团土黄色的物体从眼前飞过，飞落到另一个池塘边，就看不见了。这只鸟很可能就是栗苇鳽了。栗苇鳽不太怕人，是一种对自己的隐蔽能力很自信的鸟。往往等到你要走到它身边的时候，它才会起飞，吓你一跳。如果有幸早早地发现它站在岸边或者睡莲叶子上觅食，你可以慢慢地靠近，观察它是如何小心翼翼地俯视着池塘找寻食物的。罗梭江畔的芦苇丛也是栗苇鳽喜欢的栖息场所。

栗苇鳽在中国的种群数量曾经是较为丰富的，特别是在长江中下游和长江以南地区，是一种较为常见的夏候鸟（也就是夏天在这个区域繁殖的鸟）。但和其他湿地鸟类一样，随着人类对湿地大规模的开发利用，它的种群数量已明显减少。

中国科学院西双版纳热带植物园　百花园

摄影 沈越

4 池鹭

LC | *Ardeola bacchus* | Chinese Pond Heron

如果有人向你描述，在版纳植物园的百花园中看到一种鸟"飞起来是白色的，一旦落下就看不见了"，那基本可以断定他看到的就是池鹭。非繁殖期的池鹭浑身的羽毛呈棕色，夹杂着黑色纵纹。站立时，它的飞羽收拢，形成了极好的保护色，不容易被发现。一旦起飞，则能明显地看到它白色的两翼。到了繁殖季节，它的头及颈部的毛色会变成栗红色。

池鹭是在中国普遍分布的水鸟，喜欢池塘、河岸及水稻田等类型的湿地生境。池鹭、小白鹭、大白鹭、牛背鹭、苍鹭都是中国比较常见的鹭类。可能由于版纳植物园周边的湿地面积并不大，这里没有大量的鹭类聚集。池鹭在西双版纳属于留鸟，但出现在百花园池塘周围的大多数池鹭都是非繁殖期的羽色，版纳植物园也没有过相应的繁殖记录。

中国科学院西双版纳热带植物园 🌿 百花园

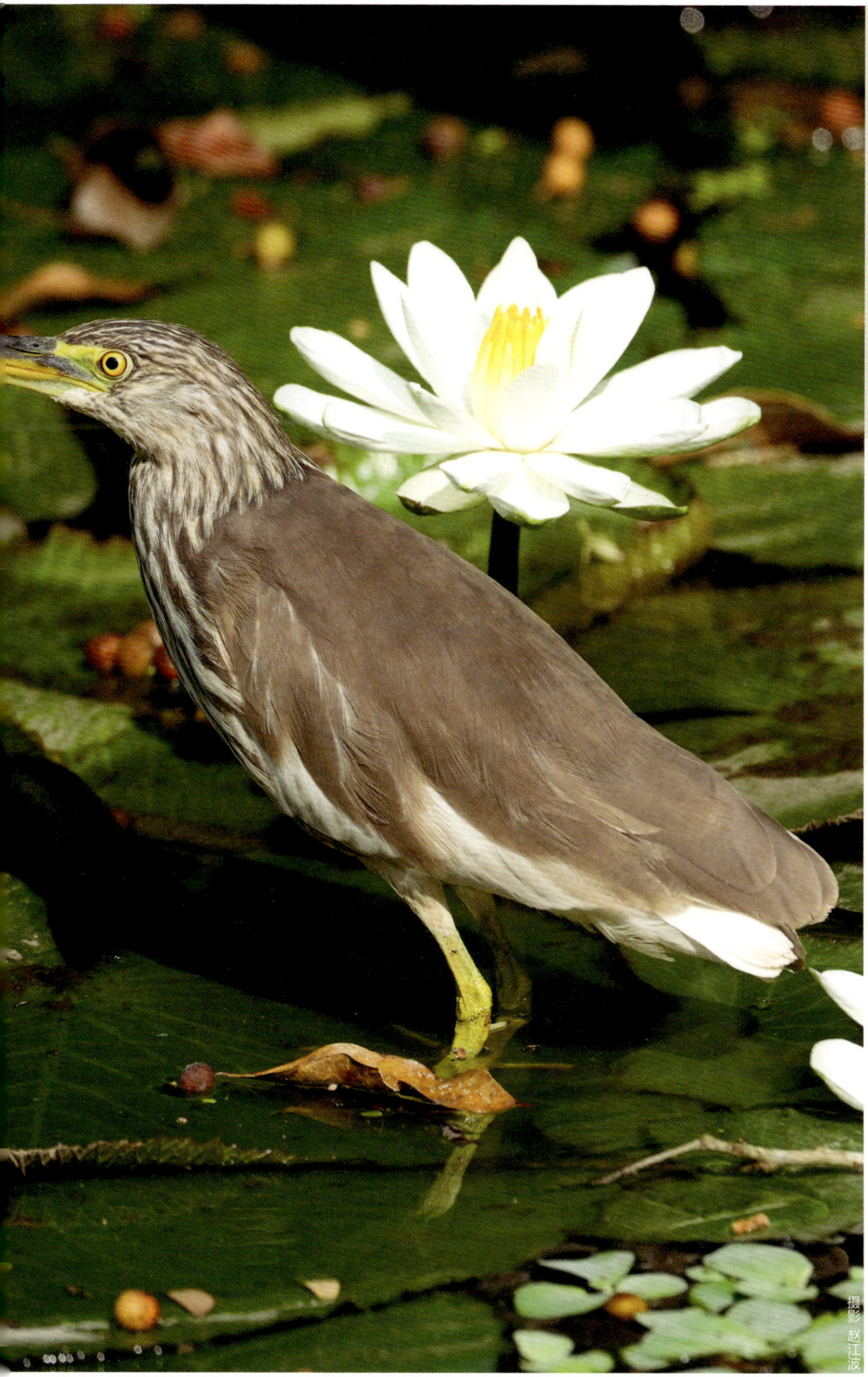

摄影 赵江波

5 | 牛背鹭

NR *Bubulcus coromandus* │ Cattle Egret

"快来看，百花园有一群白鹭。"其实说这话的人，意思是指百花园有一群"白色的鹭"。十有八九，这群鹭是牛背鹭，而非另一种在中国南方普遍分布的鸟——白鹭。

牛背鹭因为喜欢站在牛背上捕食被牛惊飞的昆虫而得名，这种景象已经随着"田园生活"的逐渐消失而不太容易见到了。尽管如此，牛背鹭仍然是南方湿地常见的鸟种之一。它和白鹭的区分其实不难：牛背鹭的脖子和喙都比较短，而白鹭的脖子和喙则长很多。到了繁殖期，牛背鹭身上的羽毛会呈现橙黄色，非常显眼。

尽管理论上牛背鹭在西双版纳是留鸟，但是在百花园出现的牛背鹭并不会长期停留。我们推测它们只是迁徙季节的时候路过此地。

中国科学院西双版纳热带植物园 🦜 百花园

摄影 关翔宇

摄影 叶·腾

6 草鹭

LC | *Ardea purpurea* | Purple Heron

　　草鹭属中型涉禽（涉禽指通常生活在水域的浅滩地带，具有喙长、颈长和腿长特征的鸟类），体型与苍鹭相似，但棕红色的体色可与后者区分。虽然它并非一年四季都能在版纳植物园中被观察到，但是那高大的体型非常醒目，常常引得人驻足观看。

　　除了草鹭，在版纳植物园的百花园还出现过苍鹭。两者最显著的区别在于草鹭的体色整体上呈红褐色，而苍鹭则呈灰色。有的书形容这两种鸟性格"孤僻"。确实，它们都不喜欢集群生活。冬季，在中国东部沿海的滩涂倒是能看到成群的苍鹭，但它们基本上也是"各忙各的"。草鹭更形单影只，常独自站在有芦苇的浅水中，低着头伺机捕捉水中的鱼及其他食物。此外，在有些影视作品中出现过一种和草鹭长得很像的大蓝鹭，两者是不同的鸟，千万不要弄错了。

中国科学院西双版纳热带植物园　百花园

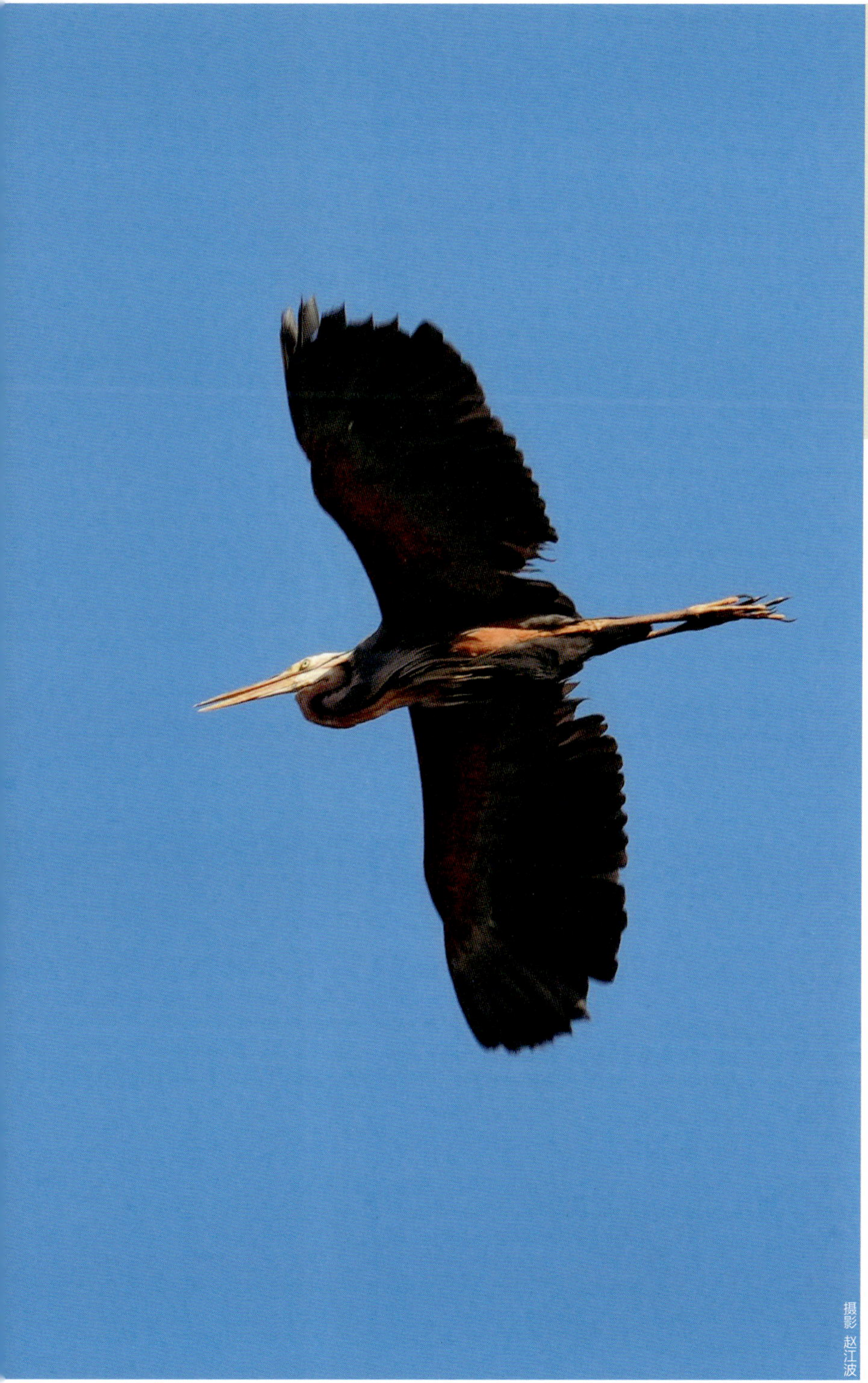

摄影 赵江波

7 蛇雕

国 II | LC | *Spilornis cheela* | Crested Serpent Eagle

在版纳植物园栖息的猛禽中，蛇雕可以算是最有地方特色的。如果说赤腹鹰、凤头蜂鹰、普通鵟等只是迁徙季节出现在版纳植物园上空的匆匆过客，那么蛇雕则是把家安在绿石林的常住户。不同于主要栖息于中国北方开阔生境的金雕、草原雕和白肩雕，更不同于喜欢在海边吃鱼的白尾海雕和虎头海雕，蛇雕主要栖息在热带和亚热带地区的森林，主要以蛇类为食。

绿石林属于勐仑子自然保护区的一部分，其保存较为完好的热带季节性湿润林是蛇雕非常喜欢的生境。这里常年栖息着一对蛇雕，每天临近中午的时候，总是能看见这对蛇雕在空中盘旋。它们俯瞰着自己的领地，并不时发出连续两声有些凄厉的唳鸣。有时，也能在西区看到它们盘旋的身影。

中国科学院西双版纳热带植物园 🐍 绿石林保护区

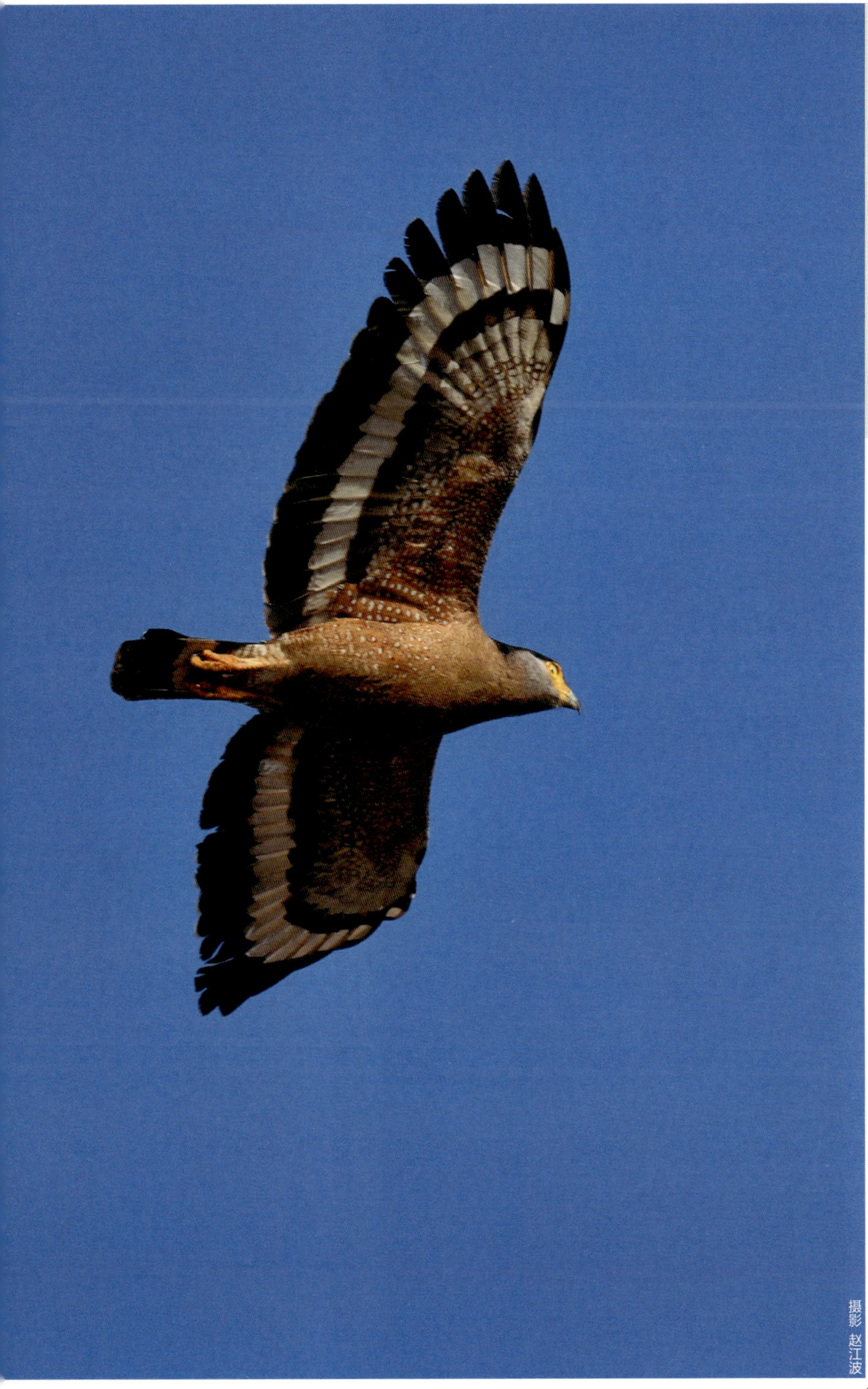

摄影 赵江波

8 绿翅金鸠

LC | *Chalcophaps indica* | Emerald Dove

　　绿翅金鸠是版纳植物园热带雨林区中较为常见的鸠鸽。跟生活在热带雨林中的大部分鸟类一样，听到它们叫声的概率要远远大于看到它们的概率，但前提是你要熟悉它们由两个音节组成的低沉叫声。因为鸟类不能分辨真实存在的空间与玻璃的反射，所以经常有鸟类撞击玻璃致死的意外发生，在版纳植物园也不例外。工作人员对版纳植物园内撞击玻璃致死的鸟类尸体进行了收集。通过分析多年收集到的鸟类尸体，发现鸠鸽类占了所有鸟种的一半左右，而绿翅金鸠是所有鸟类中死亡数量最多的物种。为了减少类似悲剧的发生，版纳植物园采取了在玻璃上张贴猛禽剪影和磨砂玻璃贴纸等措施，起到了一定的防范作用。

　　虽然在版纳植物园中见到绿翅金鸠并不容易，但如果你对这种拥有华丽羽色的鸟种足够执着的话，可以驾车前往穿过保护区的老 213 国道，十有八九会在那里见到正在地面取食的绿翅金鸠。只要你在车里待着，别惊到它们，保证你能看到不想看为止。

中国科学院西双版纳热带植物园 🐦 全园

摄影 关翔宇

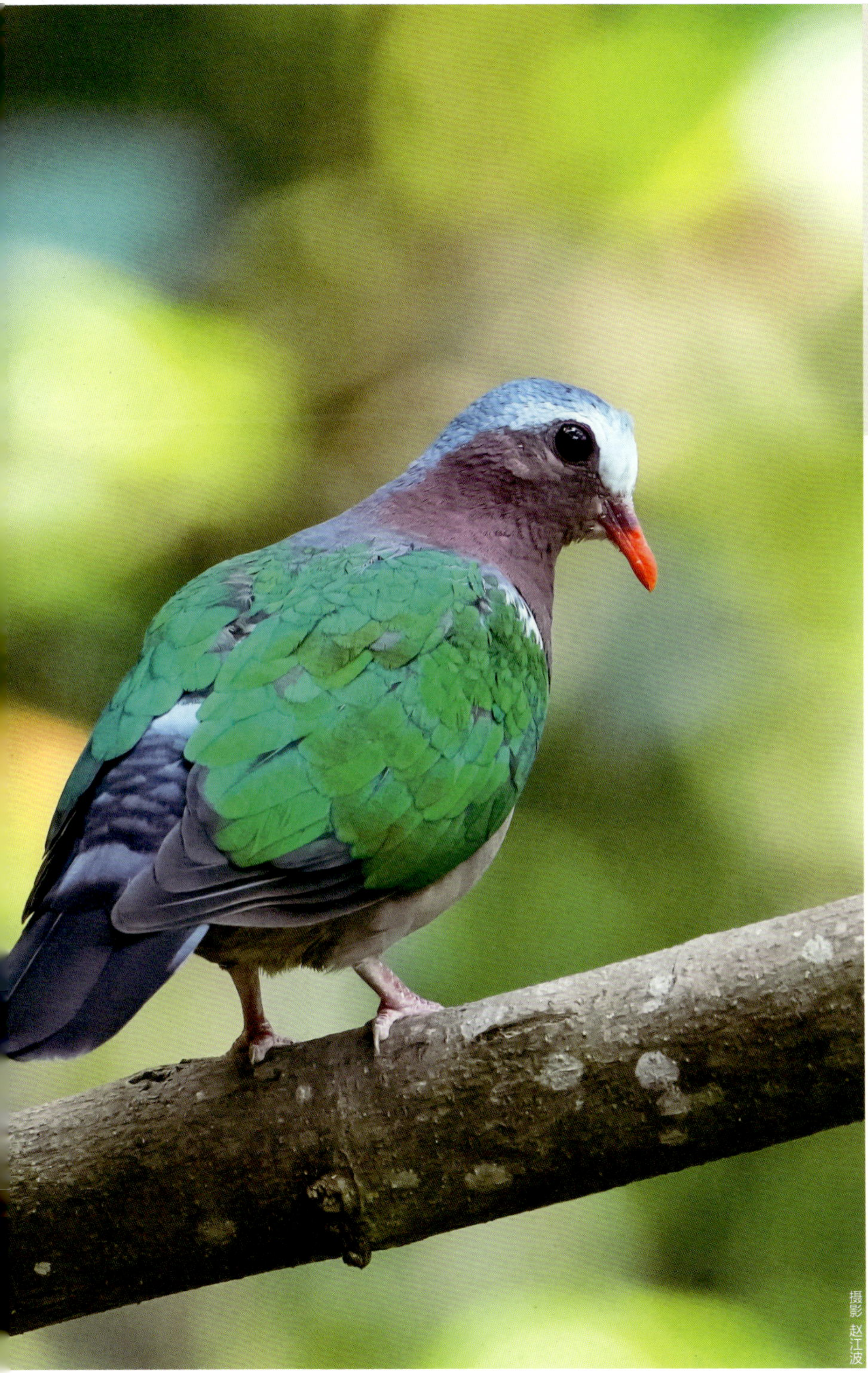

摄影 赵江波

9 灰头绿鸠

国 II | NT

Treron phayrei | Ashy-headed Green-pigeon

当在温带地区看惯了其貌不扬的山斑鸠和灰斑鸠的你，来到西双版纳会惊讶地发现，原来热带地区的鸠鸽类竟可以长得如此美丽！

如碧玉般绿得发亮的羽衣是它们作为热带鸟类最为夺目的特点，也使它们能很好地隐藏在热带雨林浓绿的林冠中。但是，大自然深知通体翠绿的保护色太过单调，因此，也许是来自进化的力量，雄鸟的翅膀和后背竟变成了不同于雌鸟的绛紫色，再配上次级飞羽那一排金黄色和臀部的棕红色，更使得这羽色鲜艳、醒目。

光看它浑圆的体态就可以猜到，灰头绿鸠是个不折不扣的"吃货"，而且尤其喜食雅榕的果实。学生公寓门口就有一棵雅榕，当它结出大量豌豆大小的榕果时，就是观察灰头绿鸠最好的时候。每年 10 月前后，博物馆前大草坪附近的大树上，也是灰头绿鸠喜欢停留的地方，经常有十几只甚至三五十只的大群灰头绿鸠藏在茂密的树冠里。

中国科学院西双版纳热带植物园 🐦 博物馆前草坪

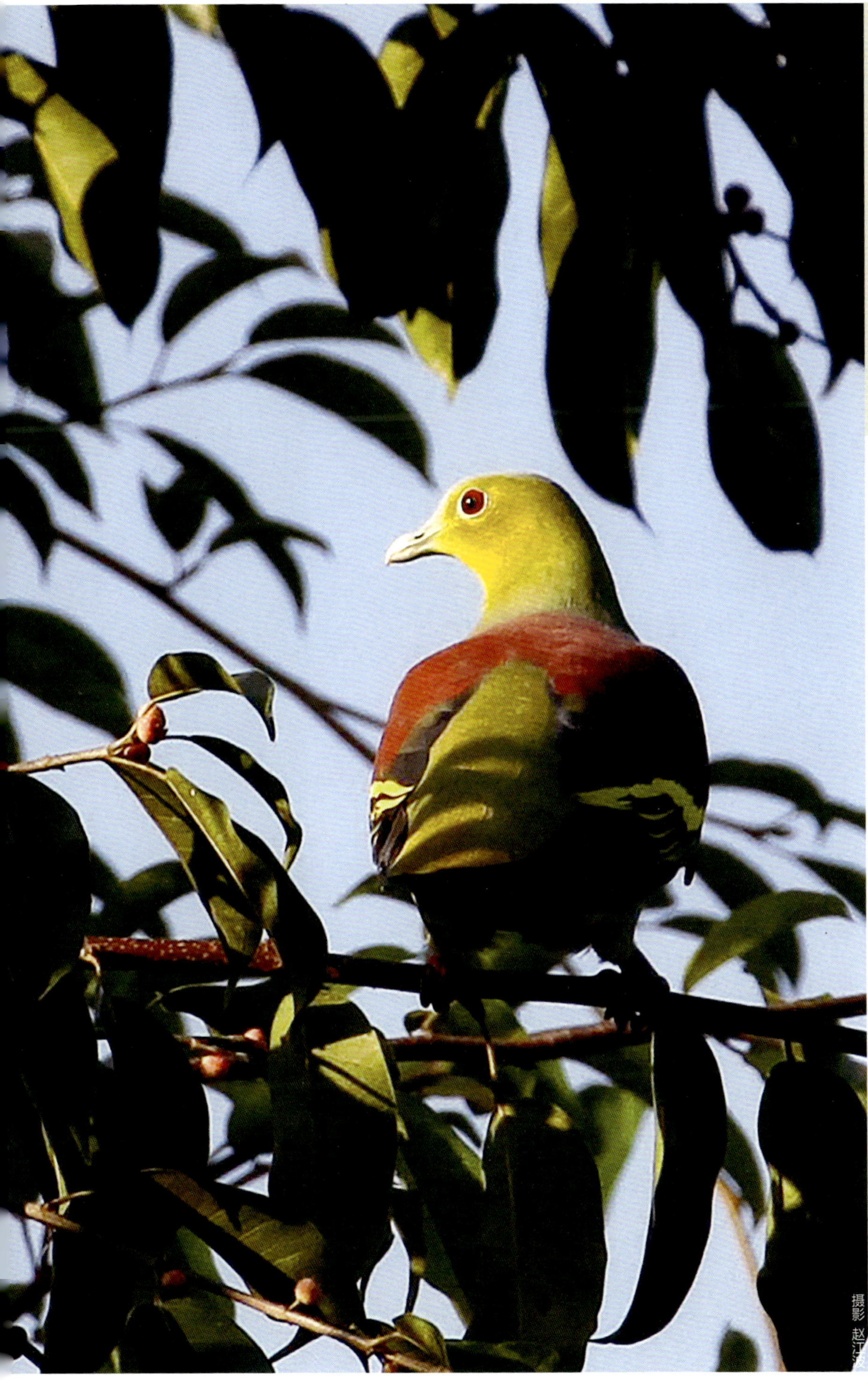

摄影 赵江波

10 褐翅鸦鹃

国II | LC | *Centropus sinensis* | Greater Coucal

在版纳植物园，最容易看到褐翅鸦鹃的时刻，是在乘坐游览车前往绿石林的途中。此时，一只巨大的棕色鸟突然从地上飞起，从眼前掠过，然后降落在不远处的矮树上，消失不见了。除此之外，看到它的机会渺茫。褐翅鸦鹃平时多在地面上单独活动。它善于隐蔽，遇到干扰或危险的时候会迅速躲进草丛或灌木丛中。如果运气足够好，你或许能在南药园和百花园交界的草坪上看到正在觅食的它。如果恰好又没有被它发现，那这就是一个很好的观察时机了。

褐翅鸦鹃的头部和胸部呈黑色，体型巨大，被当地人称作"大毛鸡"。虽然不太容易被看到，但它的声音却到处都可以被听到。一种仿佛是从地底下传来的"hum-hum"声，从单调、低沉到响亮，连续不断，数里之外都能听见。尤其在早晨和傍晚，褐翅鸦鹃的鸣叫更为频繁，让不太了解这种鸟的人以为森林里隐藏着什么怪兽。

中国科学院西双版纳热带植物园 🌿 在南药园和百花园交接的草坪上

摄影 李利伟

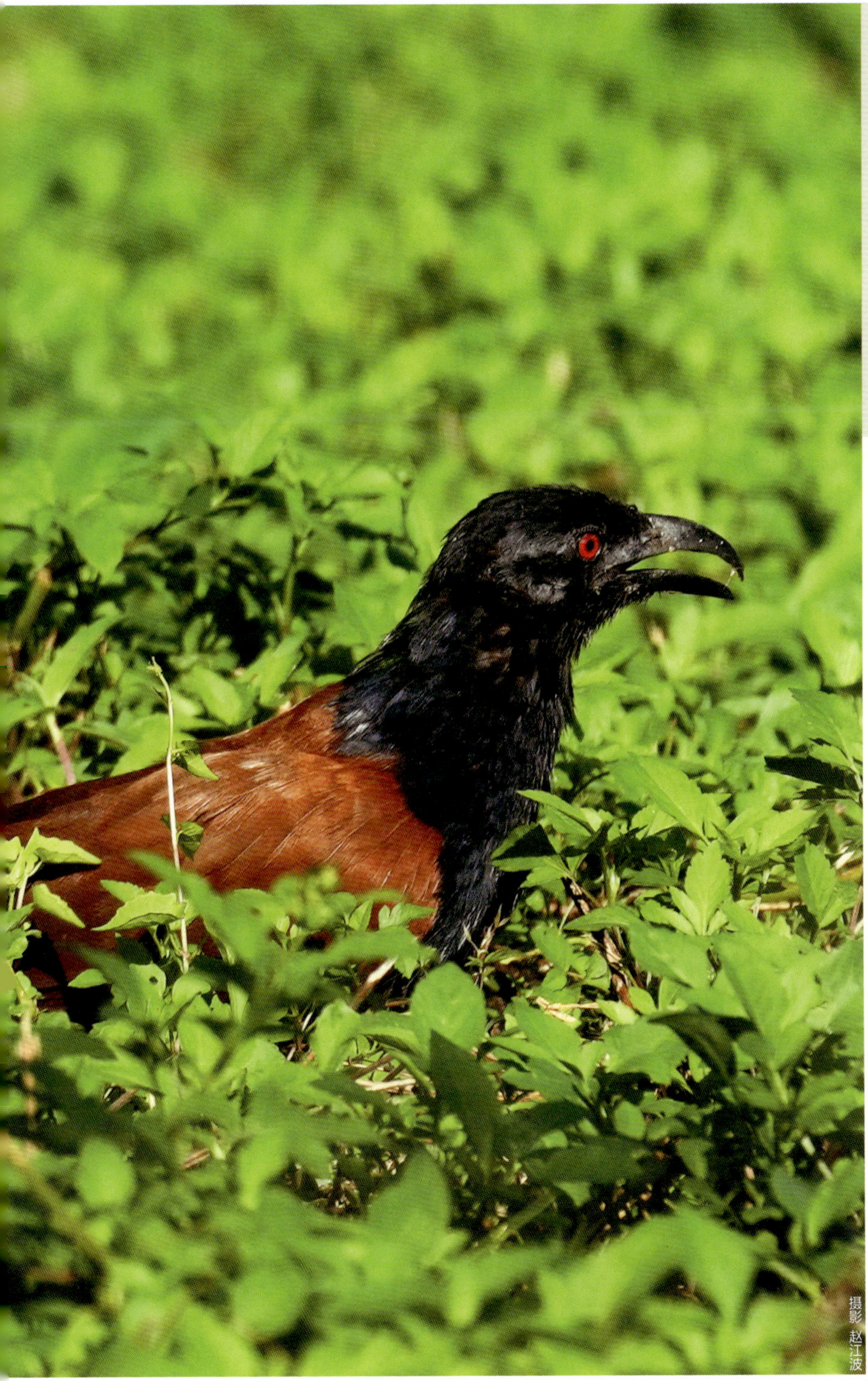

摄影 赵江波

11 绿嘴地鹃

LC　*Phaenicophaeus tristis* | Green-billed Malkoha

　　虽然它叫地鹃，但不要以为可以在地上寻找它。绿嘴地鹃其实更喜欢枝叶稠密的灌木丛，特别是藤条缠绕的区域。在版纳植物园连接东区和西区的电站大桥旁，经常活跃着小群的绿嘴地鹃。它不像其他杜鹃科的"亲戚"那样喜欢鸣叫。它体型较大，尾长，羽色整体呈灰绿色，但尾部末端为白色。绿嘴地鹃的眼睛周围有一圈明显的红色裸皮，喙呈绿色。它比较怕人，一旦感觉到危险，便迅速钻进浓密的灌木丛中，很少有大大方方站在枝条上给人拍照的时候。除电站大桥外，你还能在绿石林保护区和热带雨林区中发现它的踪影。

　　虽然绿嘴地鹃在中国的分布范围不大，云南、广西、海南和广东是其主要分布区，但它的种群数量较大，还算是比较容易见到的鸟种。

中国科学院西双版纳热带植物园　电站大桥、绿石林保护区和热带雨林区

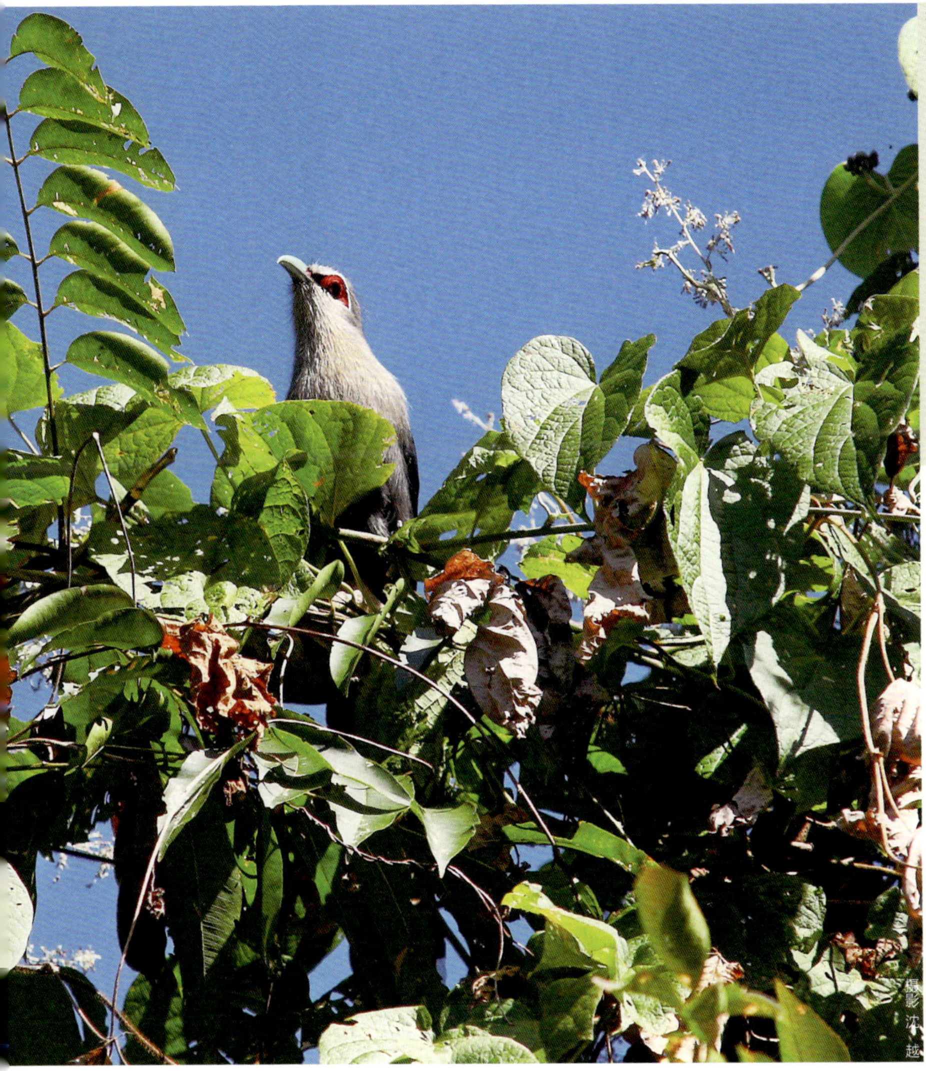

摄影 沈越

12 噪鹃

LC | *Eudynamys scolopaceus* | Western Koel

见过噪鹃的人不多，因为它极其会隐蔽，总是躲藏在茂密的树林间。但它的鸣声颇为嘹亮，听起来类似于"口—儿"，反复鸣唱，从早到晚不停，听多了反而让人觉得有些凄凉。

噪鹃可以在国内的大多数地区繁殖。因此，从三四月开始，就常常能听到它独特的叫声。噪鹃的雌鸟和雄鸟差异很大。雄鸟全身黑色，喙浅绿；而雌鸟全身则呈灰褐色，且布满白色斑点。不要寄希望能在版纳植物园的热带雨林区看到噪鹃，那里的树木太过于密集了。而在百果园、百花园等较为开阔的地带，只要能听到它响彻云霄的声音，则很有可能发现其芳踪。但是，一进入繁殖季节，噪鹃就悄无声息了，仿佛从未出现过。噪鹃会利用其他鸟代替自己孵卵，卷尾就是它喜欢的宿主。这会儿，不知道它在哪里正偷偷地窥探着卷尾的巢，随时准备着把卵产到里面呢。

中国科学院西双版纳热带植物园 🐦 百果园、百花园

摄影 江波

有鸟高飞——中国科学院西双版纳热带植物园·鸟类图谱

摄影 沈 越

13 紫金鹃

LC *Chrysococcyx xanthorhynchus* | Violet Cuckoo

　　紫金鹃是众多观鸟爱好者追求的目标。尽管它在其他地方也有分布，但版纳植物园一定是中国境内最能固定看到紫金鹃的地方。

　　紫金鹃是一种小型杜鹃，体长约 16 厘米。雄鸟全身呈紫罗兰色，雌鸟呈铜绿色。光听这两个颜色就能想象出它有多美丽了吧！和其他杜鹃一样，紫金鹃也是擅长隐蔽的鸟类，不容易被看到。不过，它要是选择在一根枯枝上鸣叫的话，你就可以大大方方地看个够了。

　　每年 2~3 月，到版纳植物园热带雨林区的小吊桥边守着，就能看到它在树枝间悄悄移动捕食昆虫的画面。毫无疑问，紫金鹃喜欢有茂密森林的地方，但是在比较开阔的版纳植物园南药园和百花园交界处，它也被多次记录到。如果你能在那里看到紫金鹃，就等于"中了大奖"——既视野开阔又不用跑远路。

中国科学院西双版纳热带植物园　小吊桥

摄影 万绍平

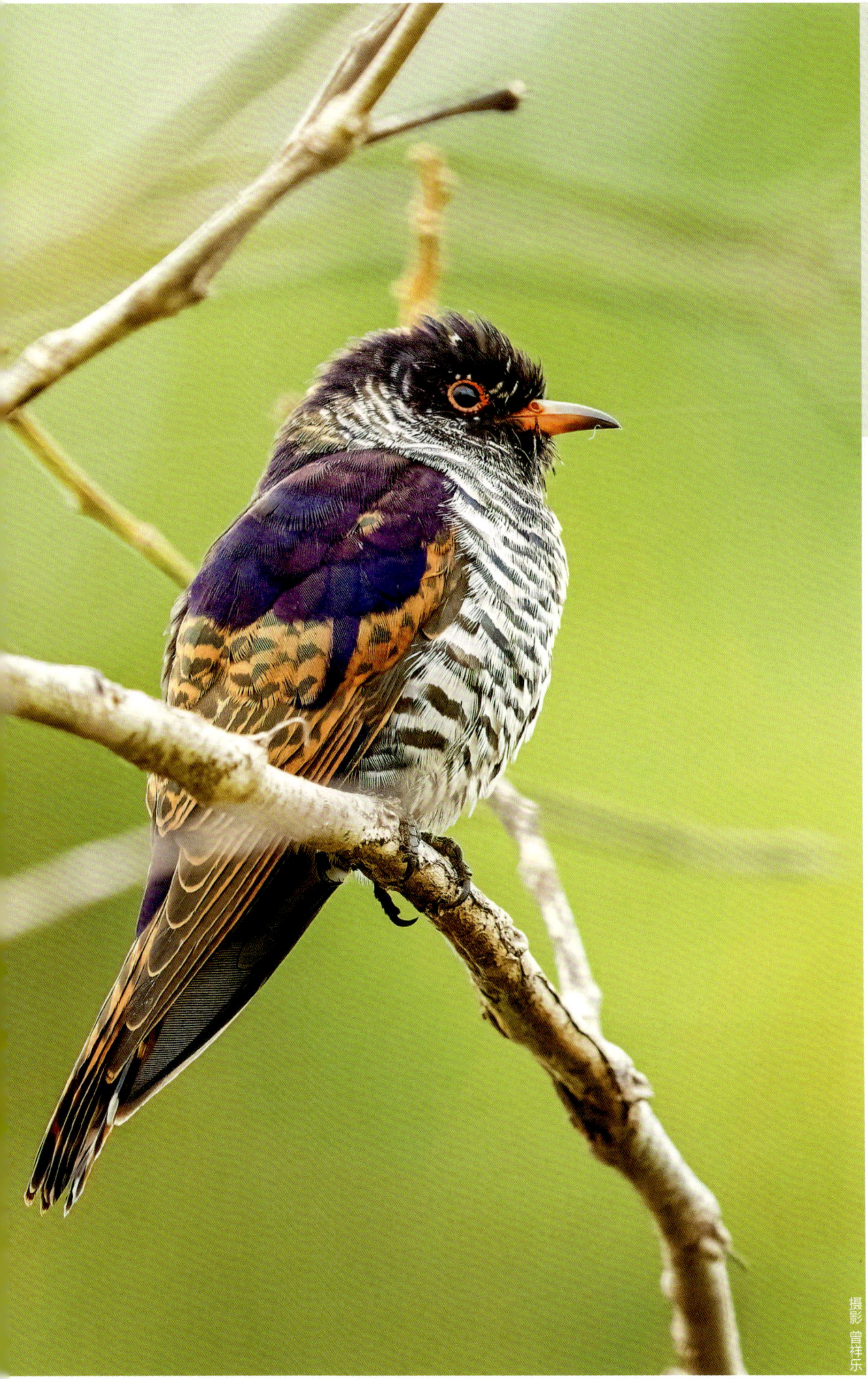

摄影 曾祥乐

14　栗斑杜鹃

LC　*Cacomantis sonneratii* | Banded Bay Cuckoo

　　杜鹃是这样一种鸟，你听到它叫声的概率远比见到它的概率要高。繁殖季节，杜鹃通常会站在枝头的最高处鸣唱。但此时枝繁叶茂，往往很难看到它。所以，如果能先熟悉杜鹃的声音，再辨鸟，这不失为一种很好的观鸟方法。各种杜鹃的叫声差异很大，只要稍加留意，就非常容易辨认。除了在中国境内广布的大杜鹃（叫声为"布谷—布谷"）和四声杜鹃（叫声为"光棍好苦"）外，在版纳植物园里还经常能听到其他几种杜鹃的叫声，如栗斑杜鹃。

　　在非繁殖季节，栗斑杜鹃的叫声也是四声，但比大杜鹃和四声杜鹃叫声的节奏要快，显得压抑一些。到了繁殖季节，它的叫声会换一种模式。你会先听到一阵越来越激昂的叫声，然后，这叫声要么在最高潮处戛然而止，要么陡然转为常叫的四声。

　　此外，栗斑杜鹃雌鸟和雄鸟差异不大，背部为棕色，腹部为白色且遍布褐色横纹，有较明显的浅白色眉纹。在版纳植物园的热带雨林区常见，有时候也会出现在百花园。

中国科学院西双版纳热带植物园 🐦 热带雨林区、百花园

摄影
叶
腾

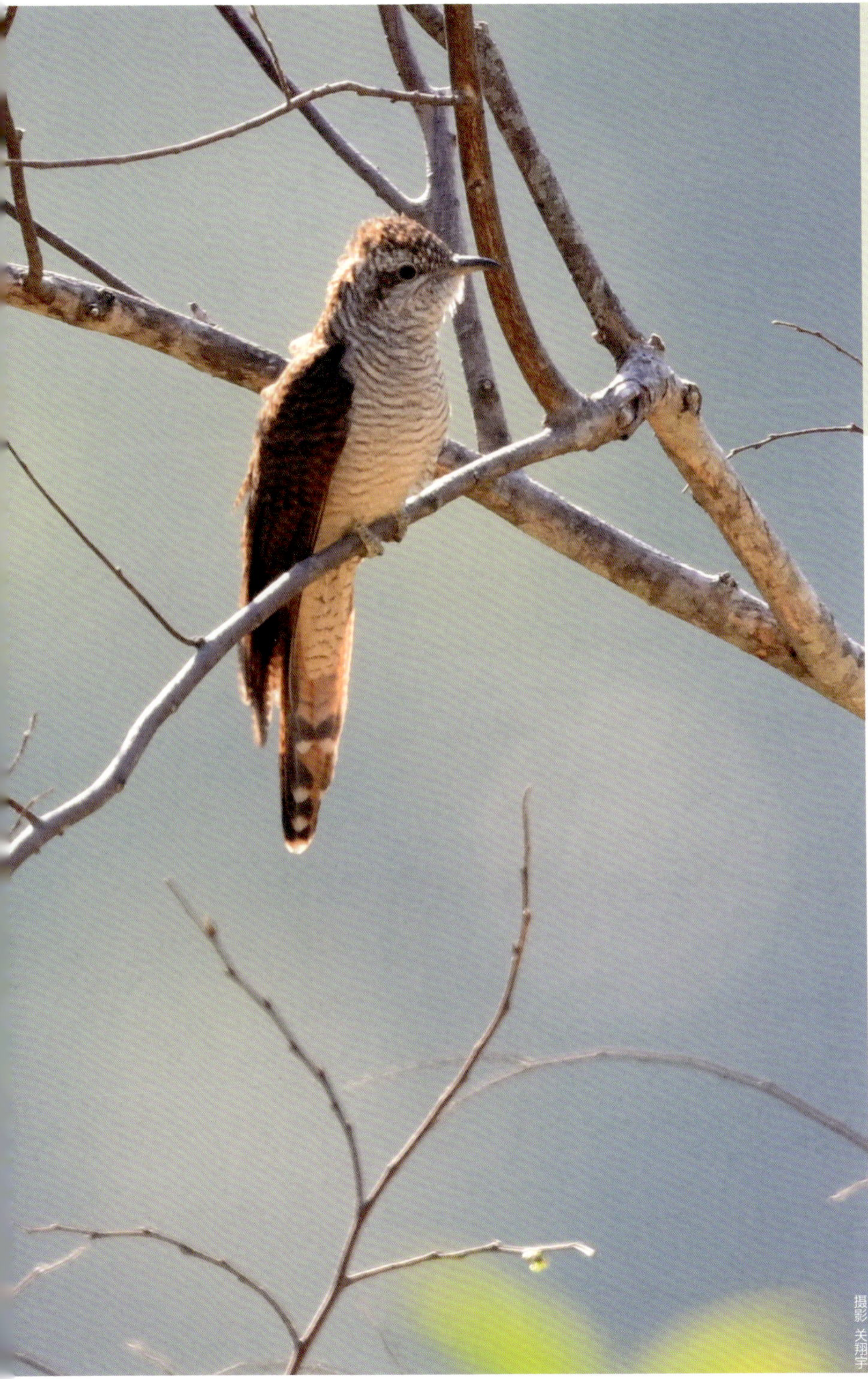

摄影 关翔宇

15 八声杜鹃

LC | *Cacomantis merulinus* | Plaintive Cuckoo

四声杜鹃叫四声，那么八声杜鹃就叫八声了？如果你这样想，那就错了。因为八声杜鹃典型的叫声是"滴—滴—滴—滴—滴滴滴滴……"，后面一连串的"滴滴滴滴"声，很难听出到底有几个音节。晚上到百花园去，常常能听到八声杜鹃的叫声，颇为哀婉。八声杜鹃的体型和栗斑杜鹃类似，也属于小型杜鹃。成年的八声杜鹃雄鸟头部整体为灰色，腹部以下是橘红色，一般难以被观察到。但进入夏季的繁殖期后，八声杜鹃经常会停歇在百花园光叶子花周围的灌木丛中。那里遮挡较少，可以拍到不错的"全身照"。八声杜鹃的亚成体和栗斑杜鹃较为相似，但栗斑杜鹃有明显的过眼纹。

杜鹃的巢寄生行为被公众所熟知。但细究下来，哪类鸟容易被巢寄生？为什么宿主鸟不容易发现自己被巢寄生？为什么宿主鸟区分不了明显和自己体型相差巨大的杜鹃幼鸟？这些有趣而深刻的生物进化奥秘，等待好奇的人们去进一步探索。

中国科学院西双版纳热带植物园 🍃 百花园

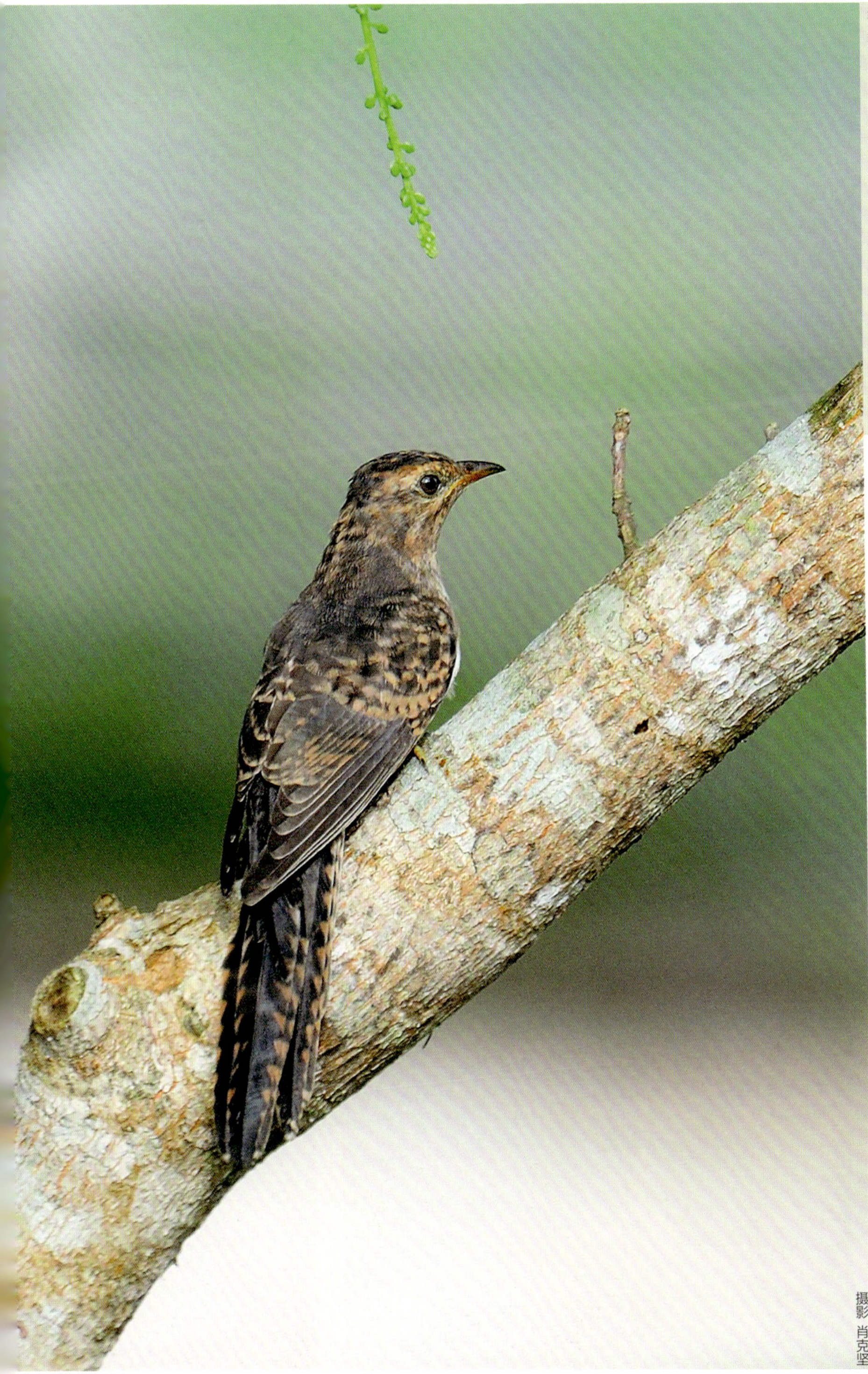

摄影 肖克坚

16 乌鹃

LC　*Surniculus lugubris* | Square-tailed Drongo-cuckoo

想在版纳植物园的热带雨林区听音辨鸟，乌鹃是一个比较理想的目标。它的叫声清澈响亮，不断回荡的"匹—匹—匹—匹"声就来自它。乌鹃是一种杜鹃，但行为又有点儿像卷尾，如飞行时呈波浪式飞行，再加上全身呈黑色且具有蓝色光泽，因此它的英文名其实意为"像卷尾的杜鹃"。乌鹃成鸟最外侧一对尾羽及尾下覆羽具白色横斑，幼鸟除了具有上述特征外，全身还具有不规则的白色斑点。然而观鸟并非一定要看到这些细节才能作出判断。乌鹃的喙明显比卷尾要小而尖。对于有较为丰富观鸟经验的人来说，杜鹃的外形和卷尾的外形明显呈现不同的格局。有时候跳出局部看整体反而更容易得到启示，这也是观鸟的魅力之一。

乌鹃总是能让你联想到对待生活的态度，并进一步引发你对人生的思考。香港观鸟会的前任会长林超英先生曾经很感慨——滩涂上密密麻麻觅食的鸻鹬类，它们数量虽多，但却因为生态位不同而在同一片地方各取所需，相安无事，不得不让人联想到人类社会的种种现象。

中国科学院西双版纳热带植物园　热带雨林区

摄影 罗祥东

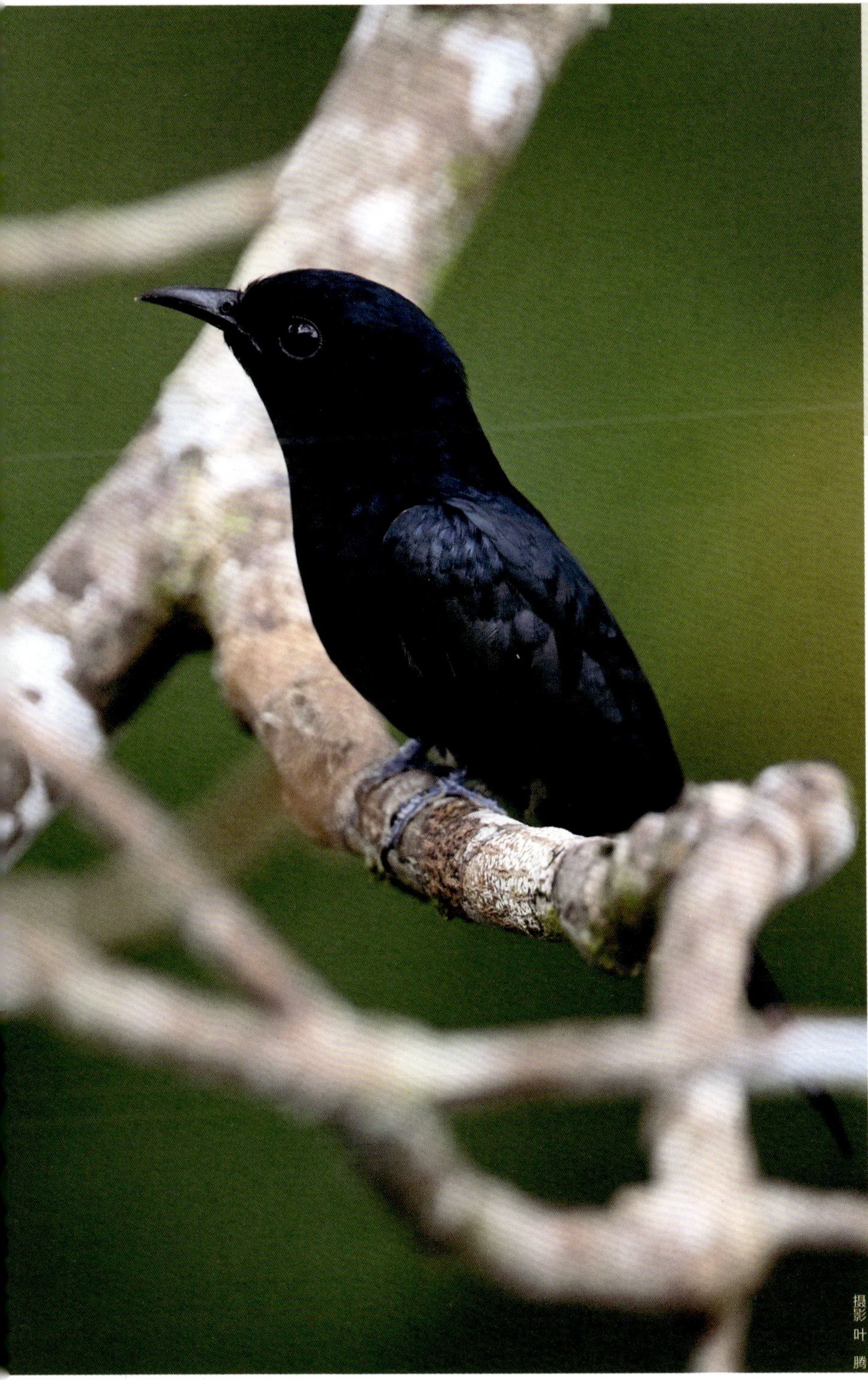

摄影 叶腾

17 仓鸮

国 II | LC | *Tyto javanica* | Eastern Barn Owl

　　"鸮"是古人对猫头鹰的一种正式称呼。仓鸮是一种在欧洲常见的猫头鹰，因为喜欢待在谷仓里抓老鼠而得名。但中国的仓鸮并不生活在谷仓里，而是生活在树上。仓鸮在全国很罕见，但在西双版纳分布较广。由于它是夜行性鸟类，所以一般不容易被发现。有意思的是，在飞行的时候，仓鸮往往会发出嘶哑的叫声（并不像一些书籍里记载的无声飞行）。因此，一到黄昏，就能听到仓鸮在版纳植物园上空飞过时发出的声音。当然，它扇动翅膀的声音是听不到的，这是所有猫头鹰的典型特征。仓鸮喜欢在大树上生活，因此，尽可能地保护村寨边的大树会有利于其种群数量的稳定。

　　很多人说的"猴面鹰"，其实是泛指仓鸮和草鸮这类面相特殊的猫头鹰，并不是特指某一种鸟。2010 年，美国、英国、澳大利亚联合摄制了一部动画片《猫头鹰王国：守卫者传奇（Legend of the Guardians）》，其中的主角就是仓鸮。

中国科学院西双版纳热带植物园 🐦 全园

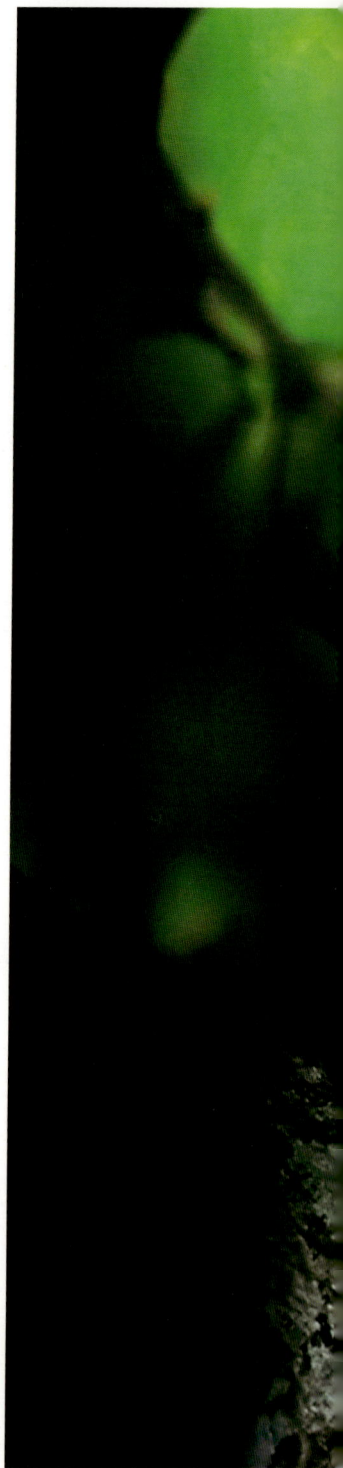

有鸟高飞——中国科学院西双版纳热带植物园·鸟类图谱

摄影 肖克坚

035

18 栗鸮

国 II | LC | *Phodilus badius* | Oriental Bay Owl

　　作为中国最为罕见的猫头鹰之一，栗鸮无疑是版纳植物园继仓鸮、灰岩鹪鹛、褐喉食蜜鸟、紫金鹃、长尾鹦雀之后的又一"明星鸟种"。极其隐秘的习性、稀少的数量为它增添了不少神秘感，使得很少有人在国内亲眼见到过它的身影。关于栗鸮在版纳植物园的发现，过程还真是比较曲折：我们曾于 2014 年 7 月中旬连续几个夜晚在绿石林听到它独特、悠远的鸣唱。在景区值夜班的工作人员还说这是"山神爷"的声音，并对此充满了敬畏。但是在随后的两年时间里，它似乎从版纳植物园神秘消失了，我们再也没有听过它的声音。直到 2016 年 9 月，有一天我们在植物园东区的非开放区看见它一动不动地站立在一株无忧花树上睡觉！

　　栗鸮的体型较大，白天站在树上睡觉时弓着背，一动不动。它的背部呈深栗色，且夹杂着花纹，像极了一根枯木。不仔细看还真能将这宝贝忽略。栗鸮的生存严格依赖于保存完整的天然热带雨林、季雨林。但是，由于香蕉、橡胶等经济作物种植面积的不断扩张，能够适宜它生存的环境已经所剩不多。这也是栗鸮在国内如此罕见的原因之一。不过，版纳植物园东区的沟谷雨林和绿石林中被保存下来并严格管理的天然森林成为它在这一区域的避难所。

中国科学院西双版纳热带植物园 🌿 热带雨林区、绿石林保护区

摄影 赵江波

19 黄嘴角鸮

国 II | LC   *Otus spilocephalus* | Mountain Scops Owl

　　如果你夜晚到版纳植物园的热带雨林区或绿石林保护区，可以经常听到密林中不时传来由两个紧凑的单音节组成的悠远的"嘟—嘟"声。这声音一般每隔几秒钟便重复一次，为夜色平添几分静谧。这就是黄嘴角鸮在不辞辛劳地鸣叫。

　　虽然同为这里的留鸟，但是和版纳植物园最为常见的领角鸮不同，黄嘴角鸮在国内的分布范围要窄得多。再加上它的活动非常隐秘，几乎没有人在版纳植物园见过它的真身。同时，它的生存非常依赖于保存完整的天然森林。它一般不会出现在西区的各个专类园，只有每天晚上回荡在热带雨林区和绿石林保护区那悠远的叫声证明着它的存在。

中国科学院西双版纳热带植物园　🦜 热带雨林区、绿石林保护区

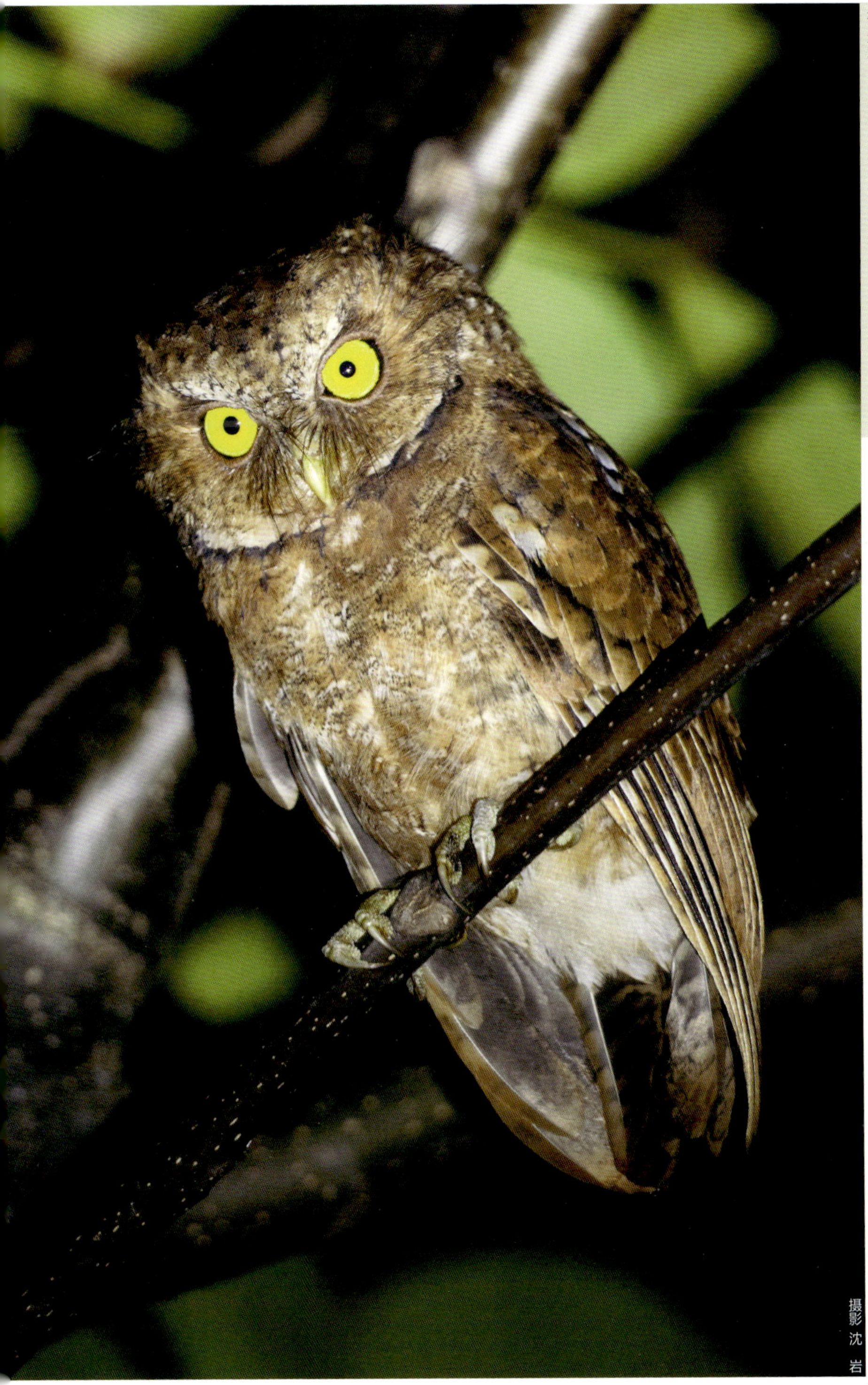

摄影 沈岩

20 领角鸮

国II LC

Otus lettia | Collared Scops Owl

在版纳植物园夜游，经常可以听见每隔约10秒就传来的"呜"的一声短促的鸣叫，为夜色中的版纳植物园增添了一丝神秘，令胆小的人害怕，却使爱鸟的人兴奋。这就是领角鸮的叫声。

领角鸮是这里最常见的猫头鹰。顾名思义，它名字中的"角"字恰如其分地描写了它的一个显著特点——耳后长有几根竖起来的羽毛，就像牛犊的犄角一般，为本来其貌不扬的它增加了几分可爱。虽然它在版纳植物园的西区、东区都有广泛的分布，而且几乎每天晚上都能听见它的鸣叫，但是想亲眼看见它还真是不易。不同于斑头鸺鹠，它在版纳植物园白天的栖身之所至今还是个谜。

每年初夏，是幼年领角鸮出巢学习飞行的时节。这时候，经常有人发现"掉在地上"的小领角鸮，以为是"受伤"或是"被遗弃"的幼鸟，好心地捡回来饲养，但往往最后会养死。实际上，这些"掉在地上"的小领角鸮通常既没有"受伤"，也不是"孤儿"，它只是刚刚走出巢穴来感受外面的世界，正处于学习生存本领的关键阶段。它的父母也许此刻就在不远处默默地看着它。所以，遇到此类情况，最好的做法就是不要去打扰它，让它安心地感受版纳植物园这纷繁美丽的世界。

中国科学院西双版纳热带植物园 全园

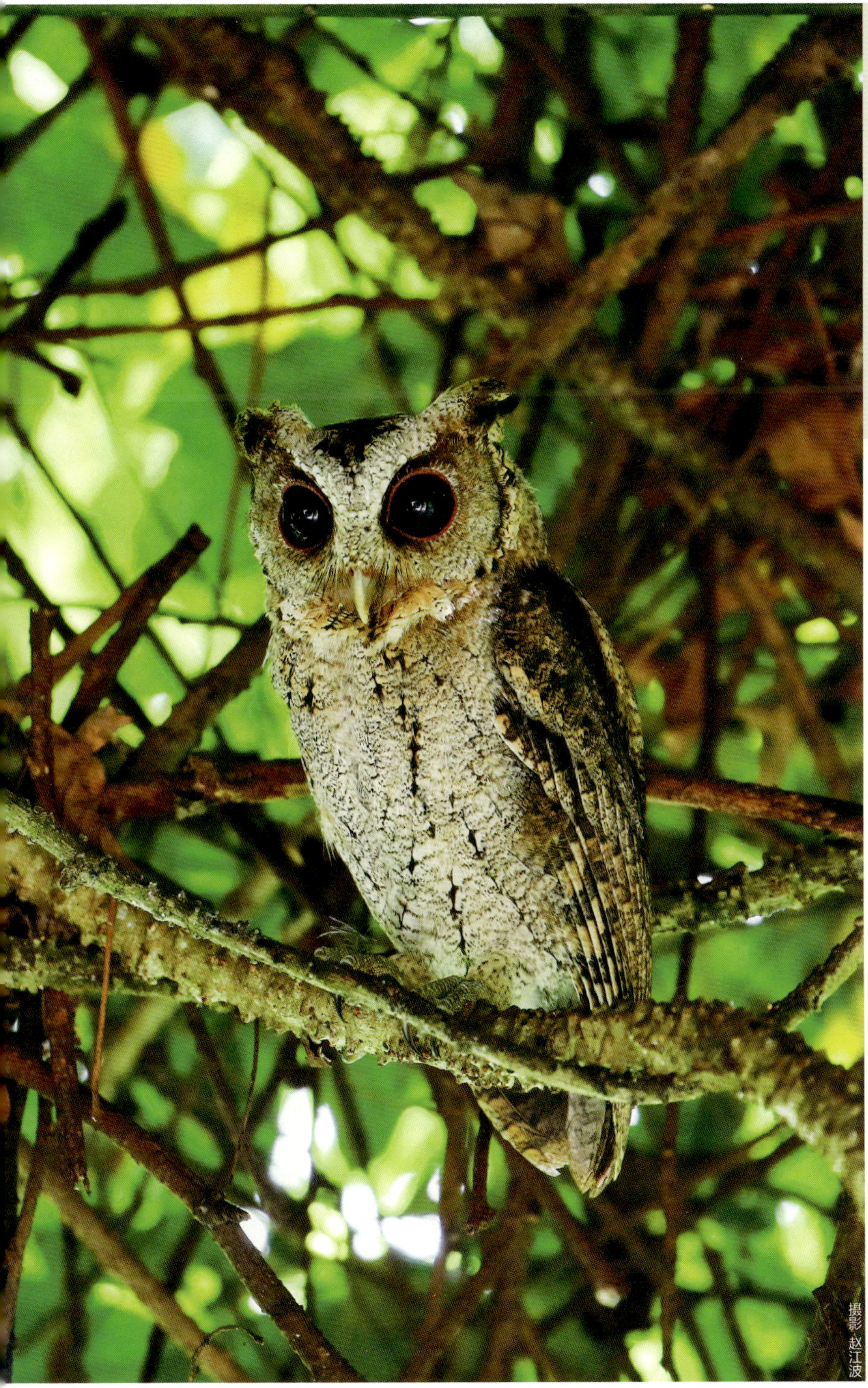
摄影 赵江波

21 褐林鸮

国 II | LC | *Strix leptogrammica* | Brown Wood Owl

心形的面部轮廓，倒八字的深色眼圈，使它的面庞在深褐色的头部与颈部的衬托下酷似一张充满神秘气息的鬼脸。它的习性也如同这张鬼脸：深邃、隐秘，不为人知。虽然它在中国的分布范围可以从西南山地一直延伸到华南、东南的丘陵地带，但是由于它的生存严格依赖保存完整的天然热带、亚热带森林，再加上这神出鬼没的习性，能够在野外一睹它的尊容实属不易。

在版纳植物园，褐林鸮其实就藏在东区热带雨林区中，甚至还在那里繁殖，但是鲜有人亲眼看见过它的真容。有时，夜色中雨林深处不时传来的紧促的四声音节"呜呜呜呜"的鸣叫也能证明它的存在。

褐林鸮是版纳植物园有记录的 9 种猫头鹰中体型最大的一种。2015 年 6 月 11 日傍晚，我们曾在热带雨林区深处看到过一只刚出巢不久的亚成鸟。当时它头部白色的绒羽尚未褪尽，对视了大约 1 分钟后，它转身向密林中飞去。虽然还未成年，但是它那巨大的体型、威猛的姿态已经让我们震撼——不愧是西双版纳热带雨林的"空中霸主"！

中国科学院西双版纳热带植物园 🐾 热带雨林区

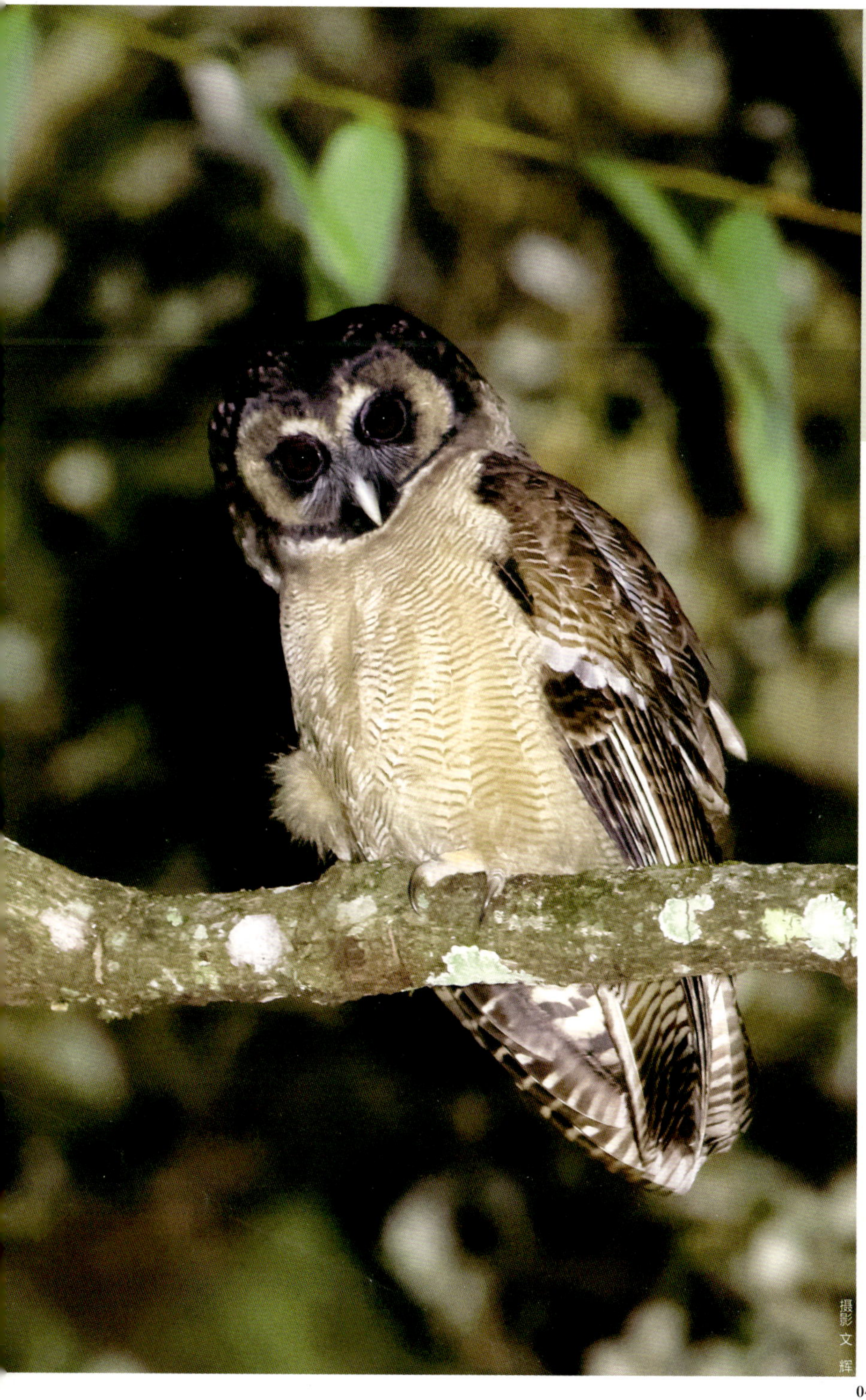

摄影 文辉

22 斑头鸺鹠

国 II | LC

Glaucidium cuculoides | Asian Barred Owlet

　　"鸺鹠"是古人专门对小型猫头鹰的称呼。这两个字看上去很复杂，但其实只要念半边就对了。斑头鸺鹠是中国南方普遍分布的猫头鹰，在版纳植物园也广泛存在。每日晨昏是它们最活跃的时候，叫声此起彼伏。有意思的是，斑头鸺鹠有两种明显不同的叫声：一种是连续不间断的"咯咯咯"声；另一种是先有几声怪叫，然后发出连续的类似于犬吠的叫声，声音越来越大，最后戛然而止。

　　虽然大部分猫头鹰在夜晚活跃，但斑头鸺鹠在白天也很常见。如果白天你看到树枝上停着一只圆滚滚的猫头鹰，基本上就是它。值得一提的是，斑头鸺鹠在幼鸟出巢期，往往会因为体力不支而掉落到地上。有人见了，常常好心地试图抓住它，进行"救助"。但其实这个时候，不去惊动它反而是对它最好的保护。等体力恢复后，幼鸟会自己重新回到枝头上，亲鸟也会在周边照顾。如果去"救助"它，不仅容易导致意外伤害，更造成了"骨肉分离"，实在是好心办坏事。

中国科学院西双版纳热带植物园 🌿 全园

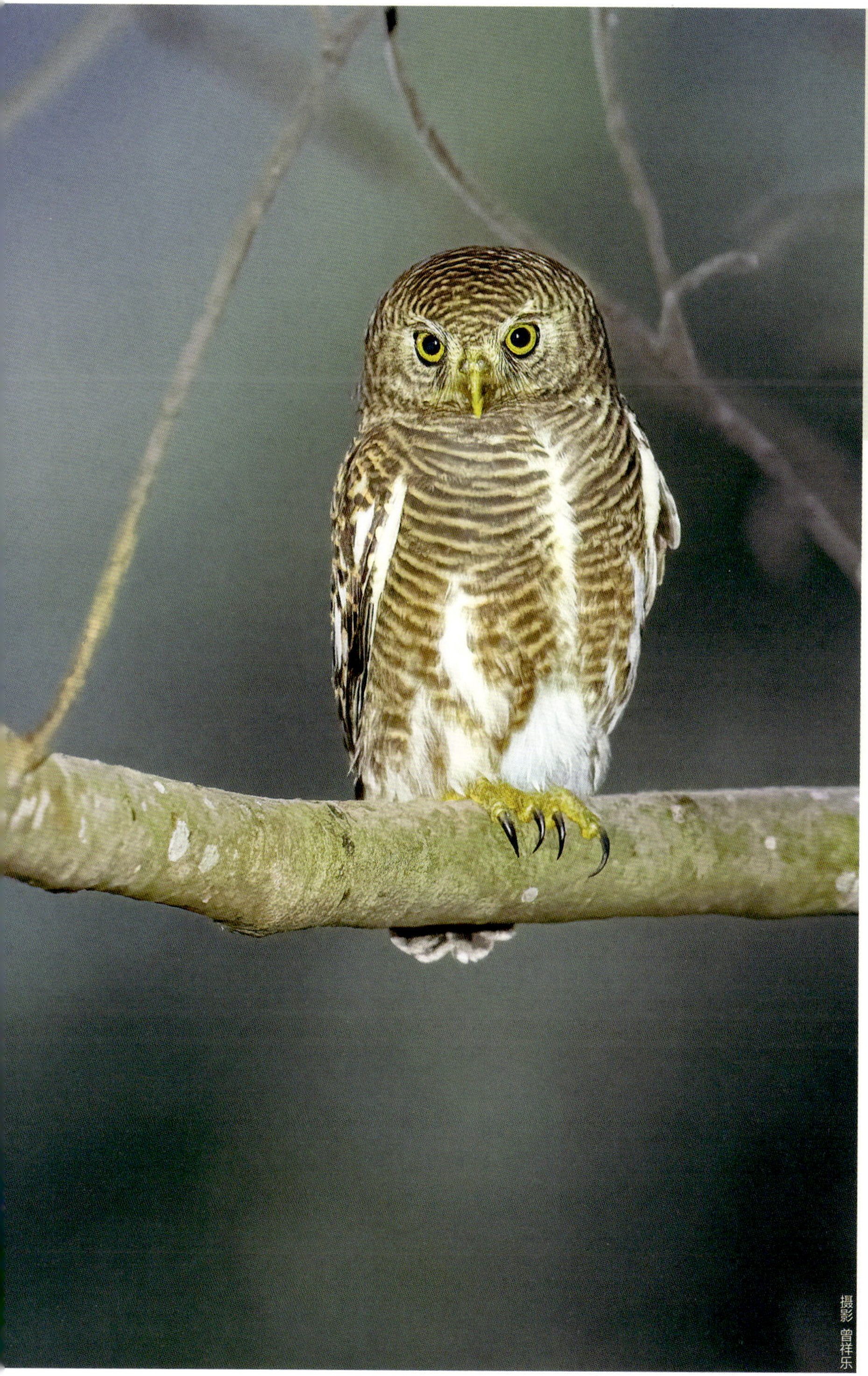

摄影 曾祥乐

23 鹰鸮

国 II | LC | *Ninox scutulata* | Brown Boobook

鹰鸮在版纳植物园并不罕见。傍晚，在百花园时常能听到它圆润而持久的、两个音节的鸣叫，和斑头鸺鹠、领角鸮以及偶尔传来的仓鸮的叫声一起，此起彼伏。它们也是版纳植物园"四大最容易被听到叫声"的猫头鹰。鹰鸮，外形似鹰，有一双颇为有神的橙黄色大眼。

比较容易见到鹰鸮的地方是版纳植物园的入园吊桥。夜晚，吊桥的承重斜杆上经常停歇着一只鹰鸮，借着吊桥上的灯光觅食。在名人名树园的蔡希陶雕像处，也有一对鹰鸮，常在高大的羯布罗香树上鸣叫。鹰鸮的领地意识极强。有实验发现，如果在它的领地内重复播放同类的叫声，会吸引它立即过来察看。有的人为了拍摄鹰鸮，常采用此法来吸引它。但这对鸟的正常生活习性干扰太大，不建议大家采用这样的方法。观鸟，还是应该以"缘分"为主。

中国科学院西双版纳热带植物园 🌙 吊桥

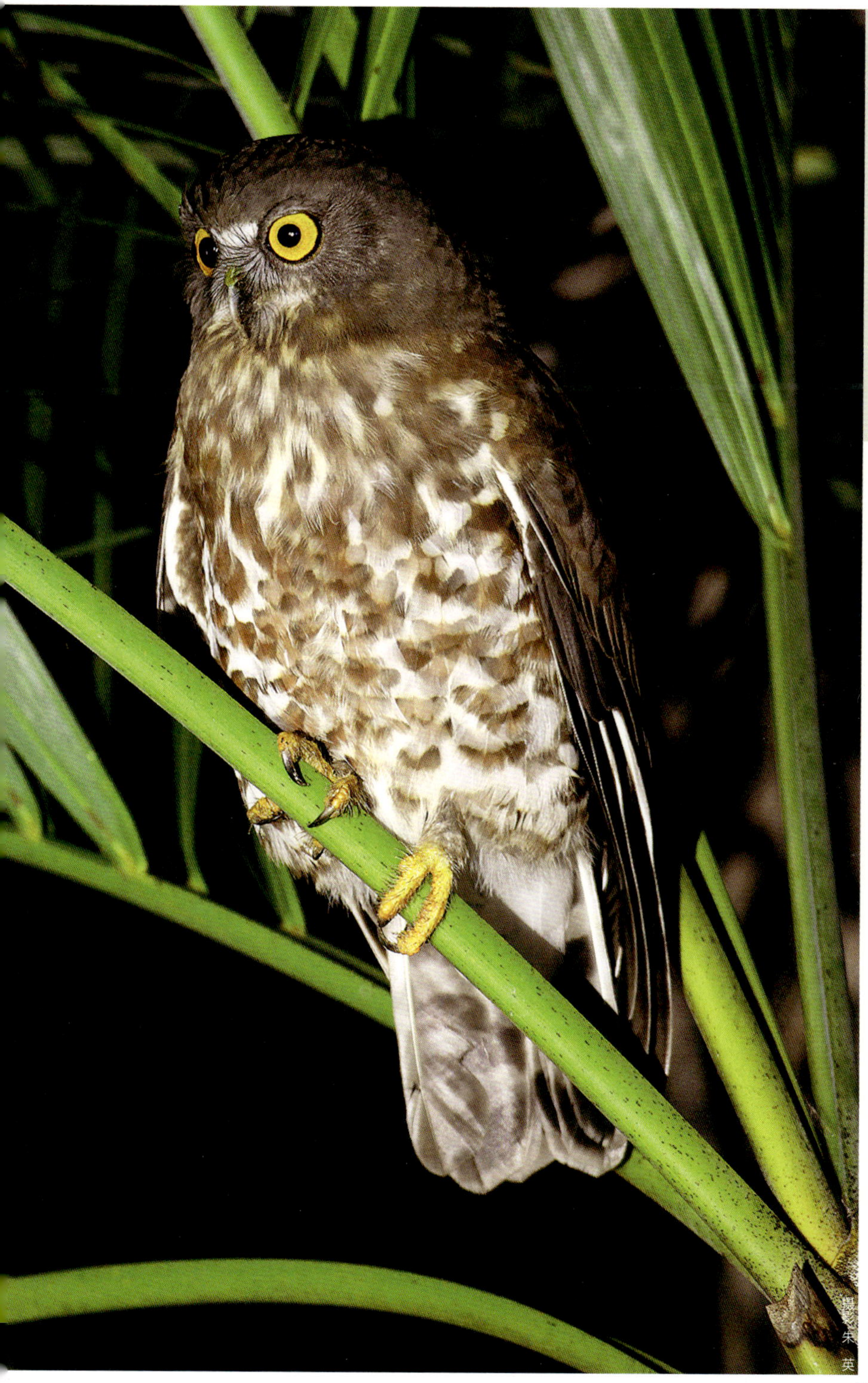

摄影 朱英

24
LC

灰喉针尾雨燕
Hirundapus cochinchinensis ｜ Silver-backed Spinetail

灰喉针尾雨燕的尾巴伸展后呈扇形，每根尾羽的羽轴都伸出一小截，呈针状，这就是它的名字的由来。除了这有趣的尾巴，相对于其他雨燕目的种类来说，灰喉针尾雨燕的体型较为壮硕，整个身体呈完美的流线型，就像是一架来自未来世界的新概念飞机。

灰喉针尾雨燕主要分布在东南亚地区，在中国境内的记录较少，而且基本为过境鸟，较为难见。不过，如果你在每年春季迁徙刚刚开始或秋季迁徙快要结束的时候来到版纳植物园，抬头仔细观察天空，说不定就能邂逅一小群灰喉针尾雨燕。而绿石林的情侣峰可能是比较好的观察点之一。2014 年 3 月，来自瑞典的著名观鸟者 Jesper 连续记录到了几个当时正在向北迁徙的小群灰喉针尾雨燕。

中国科学院西双版纳热带植物园　绿石林保护区的情侣峰

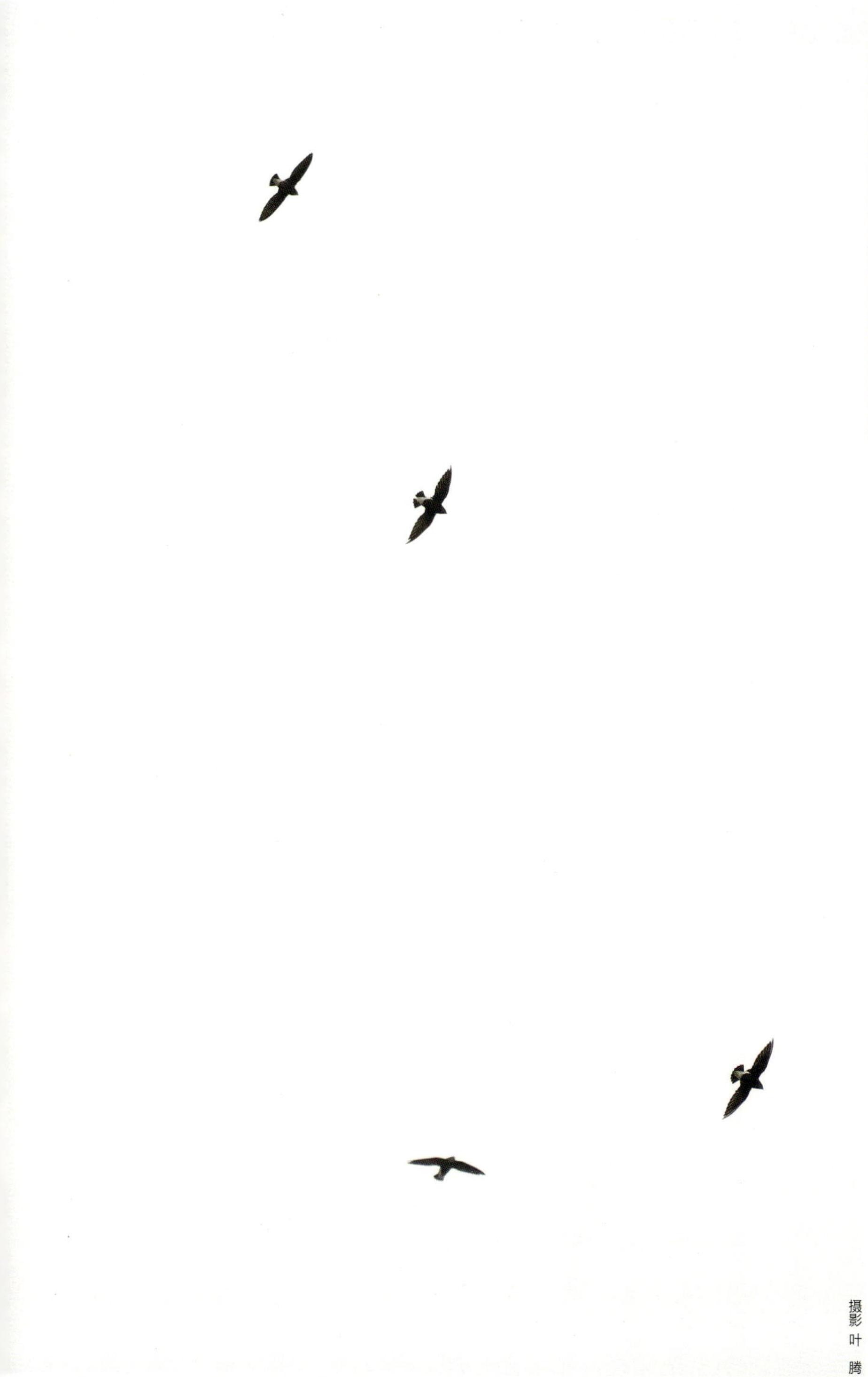

摄影 叶腾

25

LC ｜ *Cypsiurus balasiensis* ｜ Asian Palm Swift

棕雨燕

当你从吊桥进入版纳植物园时，常能看见一种形体纤细的雨燕三五成群地疾飞，在罗梭江江面和棕榈树间穿梭。这就是棕雨燕。

从它的英文名就可以知道，棕雨燕的"棕"不是指棕色，而是棕榈树，这是因为它们几乎只把巢筑在某几种棕榈科蒲葵属植物的叶子上。和其他种类的雨燕类似，棕雨燕的体色主要以灰黑色为主，但是它的体型较小，翅膀也较窄，且飞行时振翅频率较快。棕雨燕是典型的热带雨燕，在国内的分布范围非常狭窄，但是在西双版纳却非常常见。版纳植物园老办公区行政楼门前种植的一排大蒲葵也是它们集中筑巢的地方。无论是什么季节，只要你来到这里，总能看见它们轻盈、矫健的身影疾速穿梭在这热带乔木与蓝天白云编织成的画面中。

飞行时，棕雨燕的尾形会呈现多种变化，在辨认时注意千万不要被误导。

中国科学院西双版纳热带植物园 🐾 全园

攝影 关翔宇

摄影 \ Vincent Wang

26 小白腰雨燕

LC | *Apus nipalensis* | House Swift

在版纳植物园，除了棕雨燕，最常见的就属小白腰雨燕了。无论你何时来到版纳植物园，也无论你在版纳植物园的什么地方，只要抬头张望，总能看见它们集成大群在空中盘旋、喧闹。小白腰雨燕的体型比棕雨燕稍大，没有那么纤细；飞行时的姿势也比棕雨燕"优雅"。顾名思义，小白腰雨燕最明显的识别特征是它的腰部。如果站在高处向下观察飞翔中的小白腰雨燕，你可以看到它白色的腰部在阳光的照耀下非常显眼。相对于它的近亲白腰雨燕，小白腰雨燕除了体型更小外，尾部的分叉不是很明显，这是一个非常重要的识别特征。

小白腰雨燕的英文名直译为"房子雨燕"。不错，它最喜欢把巢筑在人工建筑中。连接版纳植物园东区和西区的电站大桥桥底就是小白腰雨燕集中筑巢的地方。每天黄昏，一大群小白腰雨燕会从四面八方聚集到此，在晚霞印染的天空中飞舞、盘旋。驻足桥头，欣赏着夕阳中奔流的罗梭江流过那雾霭中的城子村，一只小白腰雨燕鸣叫着，猝不及防地从你身边如箭一般划过，美妙至极！

中国科学院西双版纳热带植物园 🦜 全园

摄影 叶 腾

摄影 关翔宇

27 橙胸咬鹃

Harpactes oreskios | Orange-breasted Trogon

当一对橙胸咬鹃第一次在版纳植物园的热带雨林区被拍到时，这个消息在观鸟圈里引起了巨大的轰动。这种典型的热带雨林鸟类平时多在森林的中、上层活动。虽然它的飞行速度快，但飞行距离不远，属于"很难见到，一旦见到就会被批发"（"批发"是观鸟爱好者之间相互交流时使用的术语，意思是很多人根据首先发现者提供的线索都能看到某种罕见的鸟。）的鸟类。有一件很有意思的事情，曾经有从浙江来版纳植物园观鸟的鸟友刚从版纳植物园回去，一听说这种鸟在版纳植物园出现了，又长途跋涉开车回来拍它们，好在最后他拍到了。

咬鹃类，比较喜欢待在茂密的热带雨林中，所以也只能在热带雨林中被观察到。一旦森林消失了，这种美丽的鸟也会跟着消失。橙胸咬鹃比红头咬鹃罕见，但不知道为什么，版纳植物园至今都没有发现红头咬鹃的记录。

中国科学院西双版纳热带植物园 🐦 热带雨林区

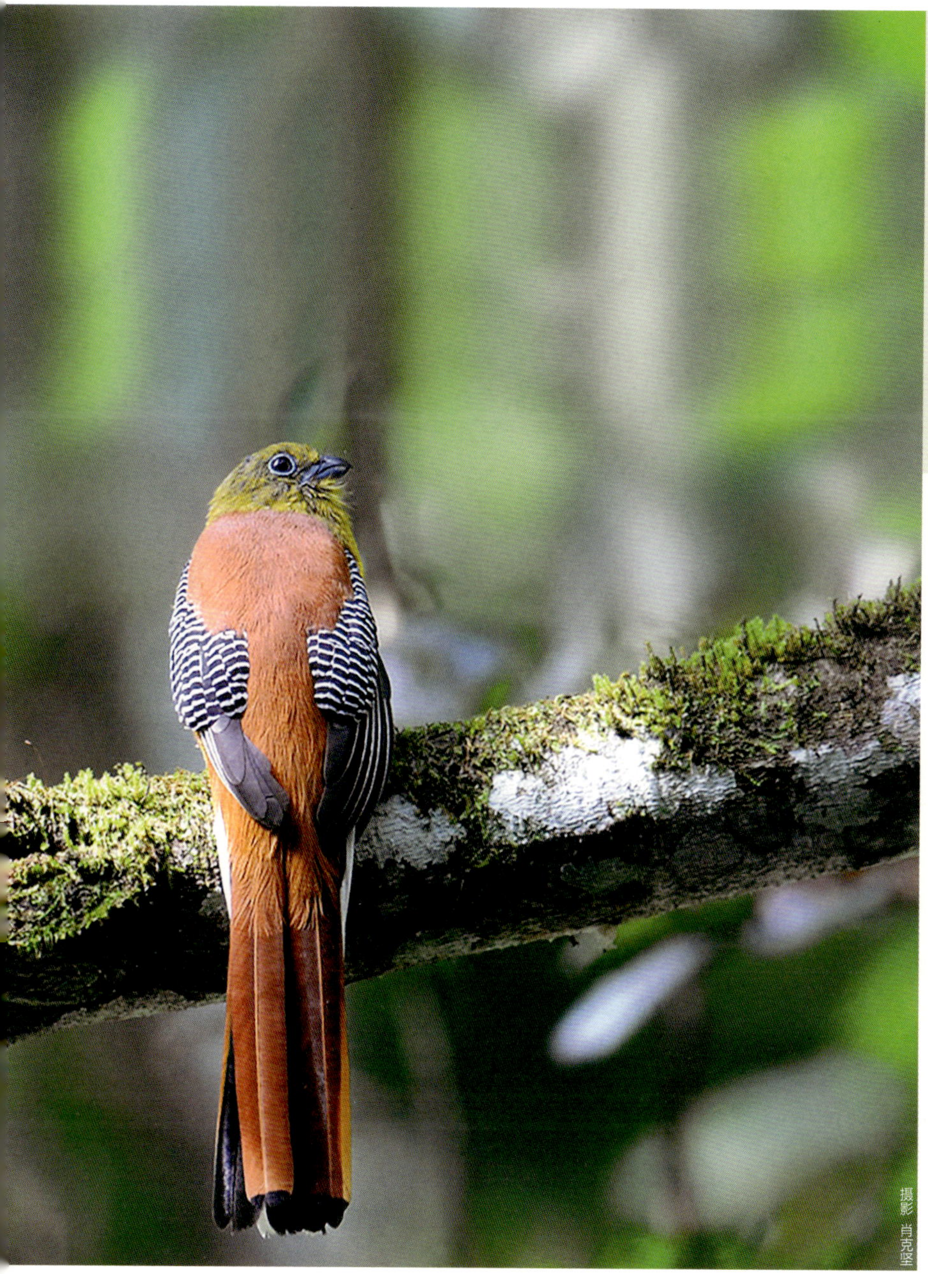
摄影 肖克坚

28 白胸翡翠

国 II | LC

Halcyon smyrnensis | White-throated Kingfisher

　　白胸翡翠属于翠鸟家族中的"巨人"之一，有 27 厘米长。除了体型之外，白胸翡翠还会颠覆大多数人对翠鸟食性的认识。它的食物除了鱼类，还包括昆虫、蜥蜴、蛇类、蛙类、蟹类、小型啮齿动物，甚至麻雀和绣眼等小型鸟类。丰富多样的食性使白胸翡翠可以在远离水域的多种生境中生存。站立时，白胸翡翠身体的外露部位以巧克力色为主，配以亮蓝色和白色；飞行时，体色则由亮蓝色主导，这是由于它的翅膀主要呈现亮蓝色。白胸翡翠喜欢站在视野开阔的电线上搜寻地面的猎物。因此，它是比较容易被观察到的鸟种。

　　在版纳植物园，白胸翡翠通常只在西门吊桥、曼安吊桥和电站大桥等与罗梭江交界的地方出现，而园区内部则鲜有记录。

中国科学院西双版纳热带植物园 吊桥、曼安吊桥和电站大桥等与罗梭江交界的地方

摄影 李利伟

29 普通翠鸟

LC | *Alcedo atthis* | Common Kingfisher

普通翠鸟属于小型鸟类，除了西北地区外，在中国境内广泛分布。它颜色鲜艳且易见，被称为"钓鱼郎"。最经典的场景就是一只翠鸟停歇在河边的树桩和岩石上，长时间一动不动地注视着水面，一旦发现水中的鱼虾，便迅速而凶猛地扎入水中用喙捕食。旋即从水面跃出，回到刚才停留的地方，喙里衔着一条徒劳挣扎的小鱼。然后，翠鸟会在树枝上或石头上摔打这条鱼，待鱼不再挣扎后，再用喙调整角度，从头开始一口吞下，完成整个捕食过程。有时，翠鸟也会扇动双翅悬浮于空中，低头注视水面，见到猎物便立刻扎入水中，迅速捕食。仔细观察，可以看到雄性翠鸟的喙呈黑色，而雌性翠鸟的下喙则呈橘红色（可以把它看作雌性的口红）。

翠鸟在版纳植物园的百花园、热带雨林区的池塘边易见。另外，吊桥边也时常可见耐心守候猎物的翠鸟。不幸的是，随着城市化进程的加快、湿地的消失、缺乏指导等因素，越来越多的人将没有机会见到普通翠鸟了。

中国科学院西双版纳热带植物园 🌀 百花园、热带雨林区和吊桥

摄影 叶 腾

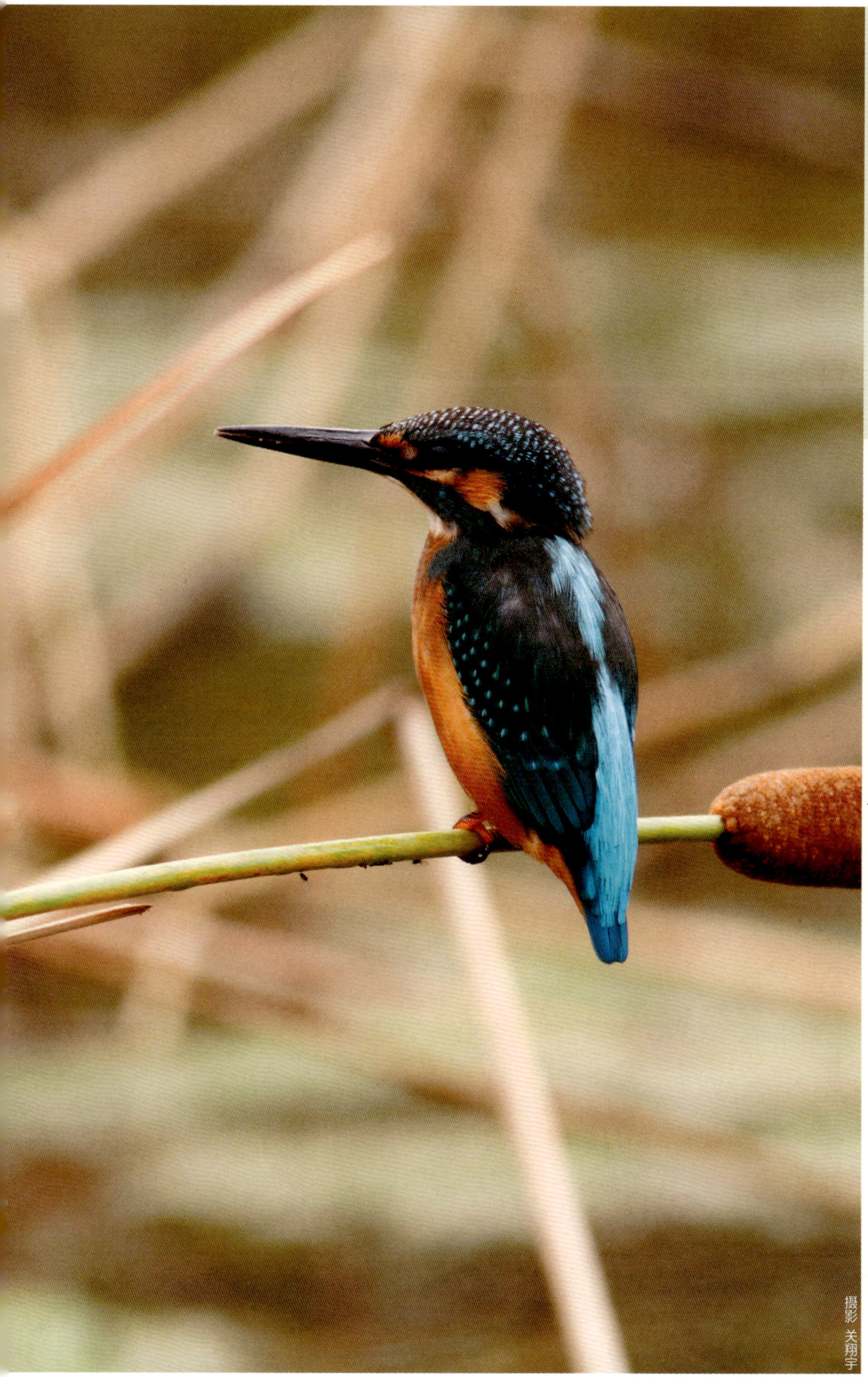

摄影 关翔宇

30 三趾翠鸟

LC

Ceyx erithaca | Oriental Dwarf Kingfisher

　　三趾翠鸟在版纳植物园十分神秘：我们确信它肯定在某个地方，但没有人真正目睹过它原始的生活状态。仅有的两笔记录都来得非常不可思议。第一笔记录：有一天版纳植物园的一名工作人员发现了一只"啄木鸟"躺在园林园艺部办公楼前。她信誓旦旦地说这是一只啄木鸟，因为它的喙很大、很尖。后来发现它其实是三趾翠鸟（至于把翠鸟当作啄木鸟，或者把啄木鸟当作翠鸟是观鸟圈里的经典故事，全世界都有这样的故事发生）。这只不幸的三趾翠鸟因为撞到玻璃上晕了过去，在地上躺了一会儿后，又挣扎着飞走了。另外一笔记录也很神奇：一只"漂亮的鸟"飞进了一栋专家公寓里，找不到出去的路，后来被证实这是一只三趾翠鸟。

　　如果你熟悉版纳植物园的这两个地方，就会发现一个"怪异"的现象。它们周围都是茂密的树林，而不是池塘。是的，三趾翠鸟和我们熟悉的普通翠鸟不同，它生活在森林中而非湿地，以蜥蜴、青蛙、昆虫等为食。《中国鸟类野外手册》对它生境的描述是"林中鸟，多近溪流"。所以，不要在百花园的池塘边去寻找三趾翠鸟，还是到热带雨林区里去碰碰运气吧。

中国科学院西双版纳热带植物园 🐾 热带雨林区

摄影 Vincent Wang

摄影 李利伟

31 绿喉蜂虎

国 II | LC | *Merops orientalis* | Asian Green Bee Eater

由于具有艳丽的羽色又喜欢站在无遮挡的树枝或者电线上，绿喉蜂虎一直是鸟类摄影爱好者追逐的对象。从它的中文名和英文名都可以猜出这种鸟的食性：喜欢捕食蜜蜂。但实际上蜻蜓、蝴蝶和蛾类占了它食物的大部分，甚至小型蝙蝠偶尔也会成为它的猎物。绿喉蜂虎的喙长而略弯，这是它在飞行中捕食的武器。绿喉蜂虎繁殖时喜欢结群。距离植物园约 6 千米处的巴卡小寨附近沙地上曾记录到它的繁殖行为。

作为植物园的偶见鸟种，绿喉蜂虎如果出现，则必定会在电站大桥旁的电线上停留。站在电站大桥上，欣赏绿喉蜂虎大秀飞行技能，看它由绿色和铜黄色组成的流线型身体划过天空，再远眺云雾缭绕的山地雨林，你肯定会被这自然的美景感动。

中国科学院西双版纳热带植物园 🐦 全园

摄影 李利伟

32 戴胜

LC | *Upupa epops* | Eurasian Hoopoe

　　戴胜是一种广泛分布于全国各地的鸟。如果你在郊野、村庄，甚至是住宅附近的绿地看见这种翅膀"花花"的、头部有像扇子一样展开的冠羽的鸟，基本上就是它了。

　　戴胜这个名称非常古老。"戴"是佩戴的意思；"胜"指古代妇女的一种华丽的头饰，叫"华胜"。当古人看到这种鸟时，觉得它头上展开的冠羽就如同妇女佩戴的"华胜"，因此给它取了这个名字。

　　戴胜不但长相奇特、羽色华丽，行为也比较特殊。繁殖期间，亲鸟不会处理雏鸟的粪便，再加上雌鸟还会分泌一种黑棕色的油状液体，弄得巢穴臭气熏天，雏鸟浑身沾满排泄物。因此，很多地方将它称为"臭姑姑"。虽然这种行为和它那华丽的外表极不相符，但实际上这是保护自己雏鸟免受天敌侵害的一种非常有效的方法。不管是多么厉害的捕食者，只要闻到这种恶臭，都会望"巢"兴叹。由此看来，戴胜也是非常智慧的父母，难怪它们的身影遍及亚洲、欧洲、非洲的大部分地区。在版纳植物园，它经常出没于百花园、能源植物园、电站大桥旁草坪和东区的专家公寓附近。

中国科学院西双版纳热带植物园 🐦 百花园、能源植物园、电站大桥

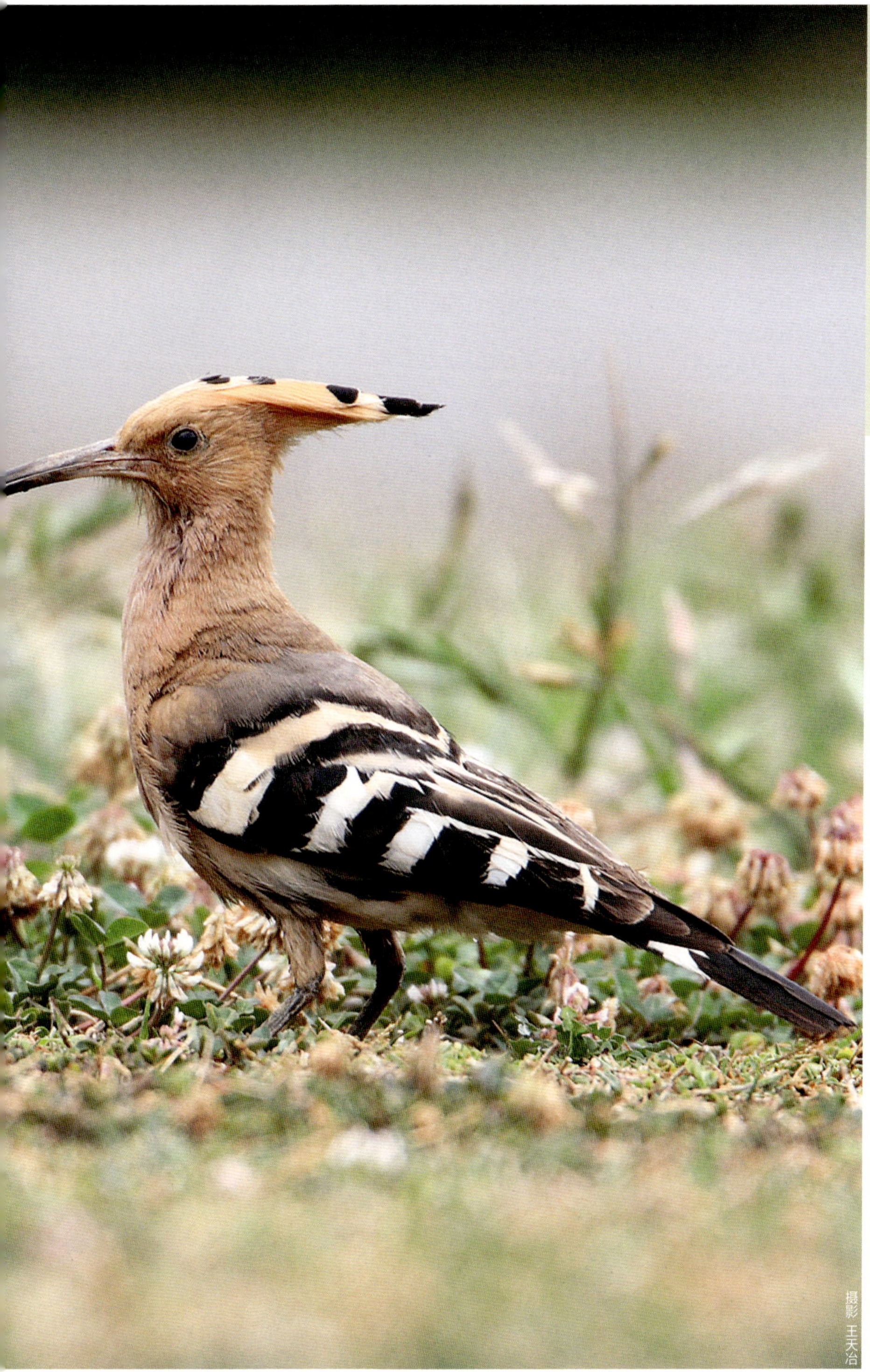

摄影 王天冶

33 蓝喉拟啄木鸟

LC *Psilopogon asiaticus* | Blue-throated Barbet

初来版纳植物园，你一定会被从高高的大树上不时传来的一连串"嘟噜噜"的奇特叫声吸引，这就是蓝喉拟啄木鸟的歌声。蓝喉拟啄木鸟体长约 20 厘米，体态浑圆，通体翠绿，只有脸部和喉部呈鲜亮的蓝色。最有趣的是，它头顶鲜红的羽毛就像是戴了一顶小红帽，在浓密、翠绿的林冠中格外显眼。

虽然名字里有"啄木鸟"3 个字，但它不像真正的啄木鸟一样喜食树干中的蛀虫。相反，热带树木的果实才是它的最爱。如果你发现一棵大量结果的榕树，仔细观察，树梢上一定少不了它饕餮般取食榕果的身影。

蓝喉拟啄木鸟是典型的热带鸟类，是云南南部、西南部的低海拔地区最为常见的拟啄木鸟。甚至在滇中的干热河谷，也常能听到它那回荡在山谷中的独特叫声。在版纳植物园，蓝喉拟啄木鸟经常出现在东区、西区的各个专类园，尤其在视野开阔的百花园最容易被观察到。

中国科学院西双版纳热带植物园 百花园等各个专类园

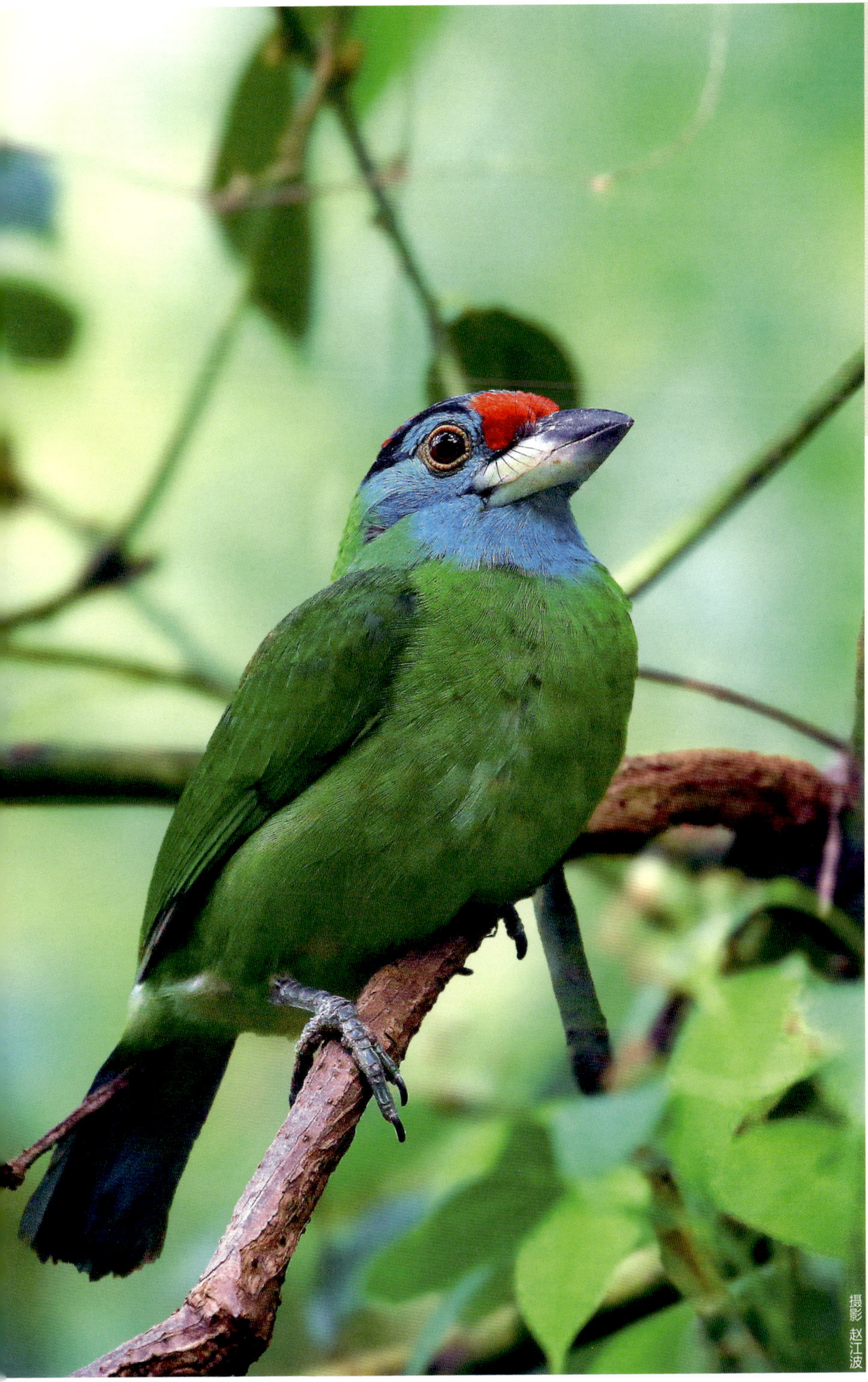

摄影 赵江波

34 赤胸拟啄木鸟

LC *Psilopogon haemacephalus* | Crimson-breasted Barbet

不同于它的"亲戚"蓝喉拟啄木鸟，赤胸拟啄木鸟的体型更小，体长只有约 17 厘米。胸部和头顶的鲜红色羽毛是它最显著的标志。脸部、喉部的浅黄色也跟这鲜红色搭配得相得益彰，在夕阳与晨光的映衬下十分亮丽、醒目。腹部浅黄色的基底上，淡淡地点缀着从背部延伸过来的橄榄绿纵纹。如果说蓝喉拟啄木鸟通体的翠绿与蓝宝石般的脸颊构成的色调让人联想到西双版纳的雨季——雨后葱郁的雨林和湛蓝的天空，那么，赤胸拟啄木鸟以红、黄为主的暖色系则象征着这里的旱季——金黄的四数木下，火焰花在盛开。

赤胸拟啄木鸟也喜食热带乔木的果实。当榕树大量结果的时候，它经常和蓝喉拟啄木鸟一起疯狂地取食榕果。但它的种群数量较小，不容易见到。

赤胸拟啄木鸟喜欢开阔的生境。因此，要想在版纳植物园欣赏它的芳容，西区视野较为开阔的百花园、南药园、棕榈园是最佳的观察地点。如果你在园中散步时，听到从高高的枝头传来一阵铿锵有力、有节奏的、短促的"铛铛铛"的"打铁"声。

中国科学院西双版纳热带植物园　百花园、南药园和棕榈园

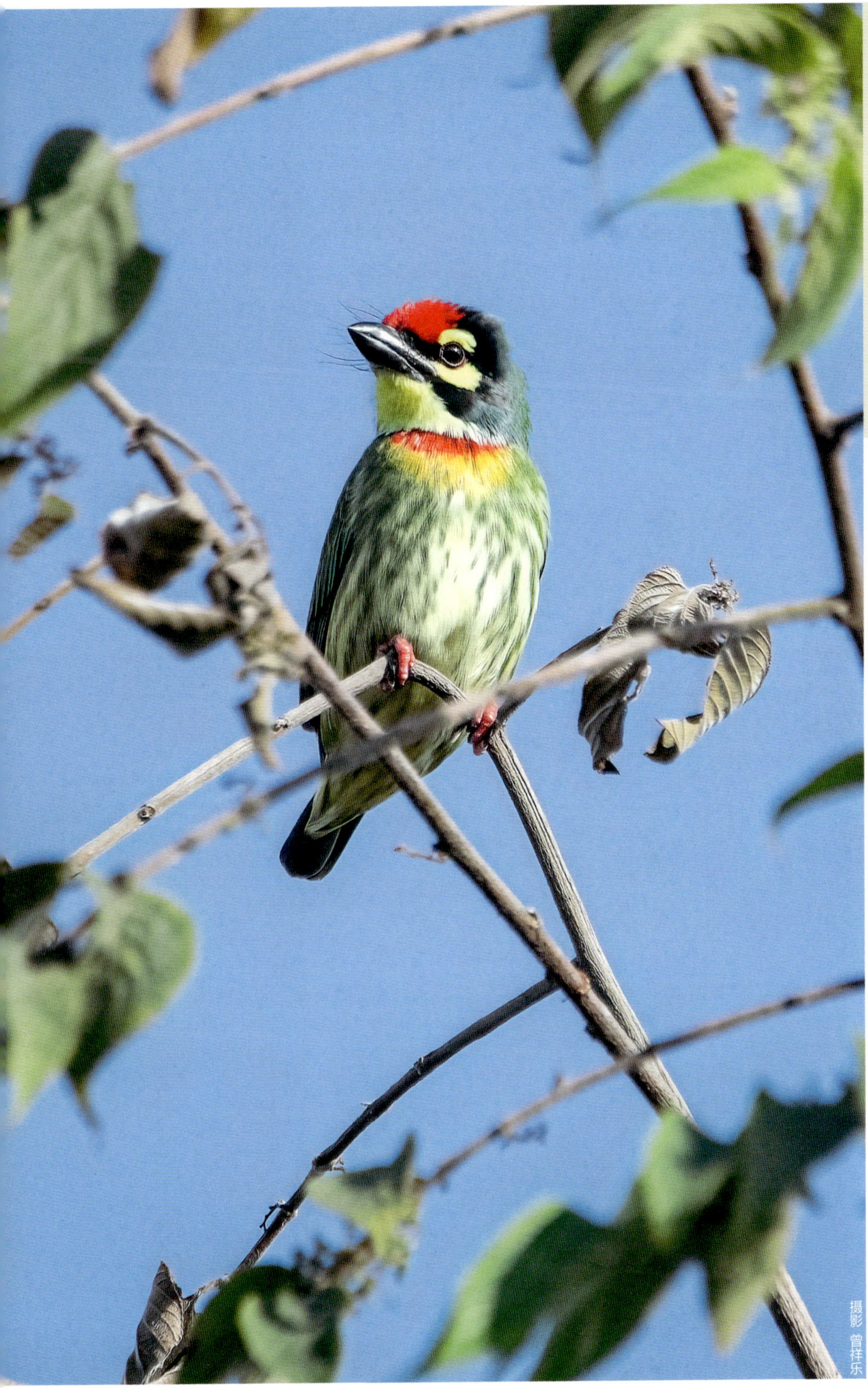

摄影 曾祥乐

35 蚁䴕

LC | *Jynx torquilla* | Wryneck

虽然蚁䴕与典型的啄木鸟同样具有两趾向前、两趾向后的对趾足，但它却是啄木鸟科的另类。跟真正的啄木鸟相比，蚁䴕缺少攀树时支撑身体的坚硬尾羽，缺少用于取食时錾啄树干的强而有力的喙部，也缺少用于钩住树干内昆虫的舌部倒刺，它通常在地面取食蚂蚁。蚁䴕的英文名形象地表明，它拥有可以将头部转动接近180度的绝技。此外，它还有另一个绝技，就是"隐身"。蚁䴕身体上主要由灰色和褐色体羽组成的斑驳杂乱的图案，像极了粗糙的树皮。因此，想要成功地从望远镜的视野中定位一只蚁䴕是具有挑战性的，但一旦定位成功，就可以长时间欣赏它了，因为它对自己的保护色极其自信。

作为版纳植物园的候鸟，蚁䴕只在冬季出现，百花园迷宫的光叶子花区域是它偏爱的场所。

中国科学院西双版纳热带植物园 🐦 冬季百花园迷宫的光叶子花区域

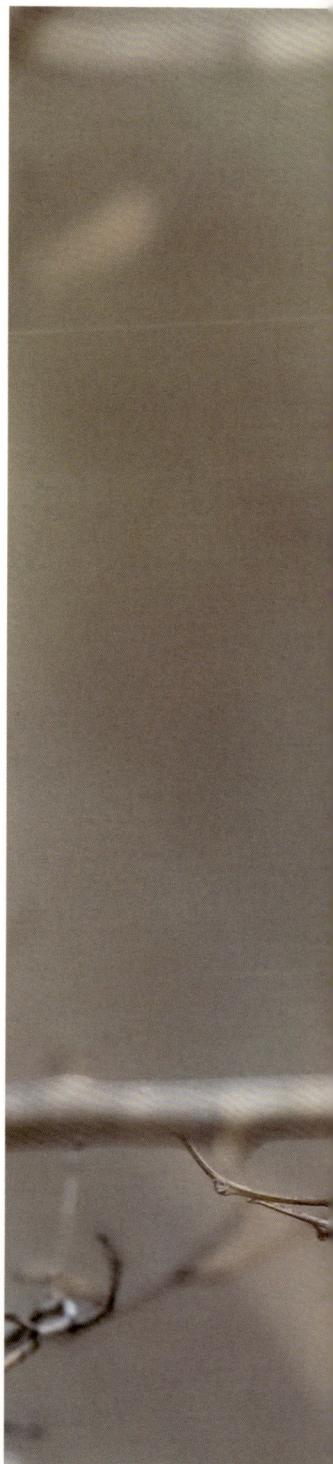

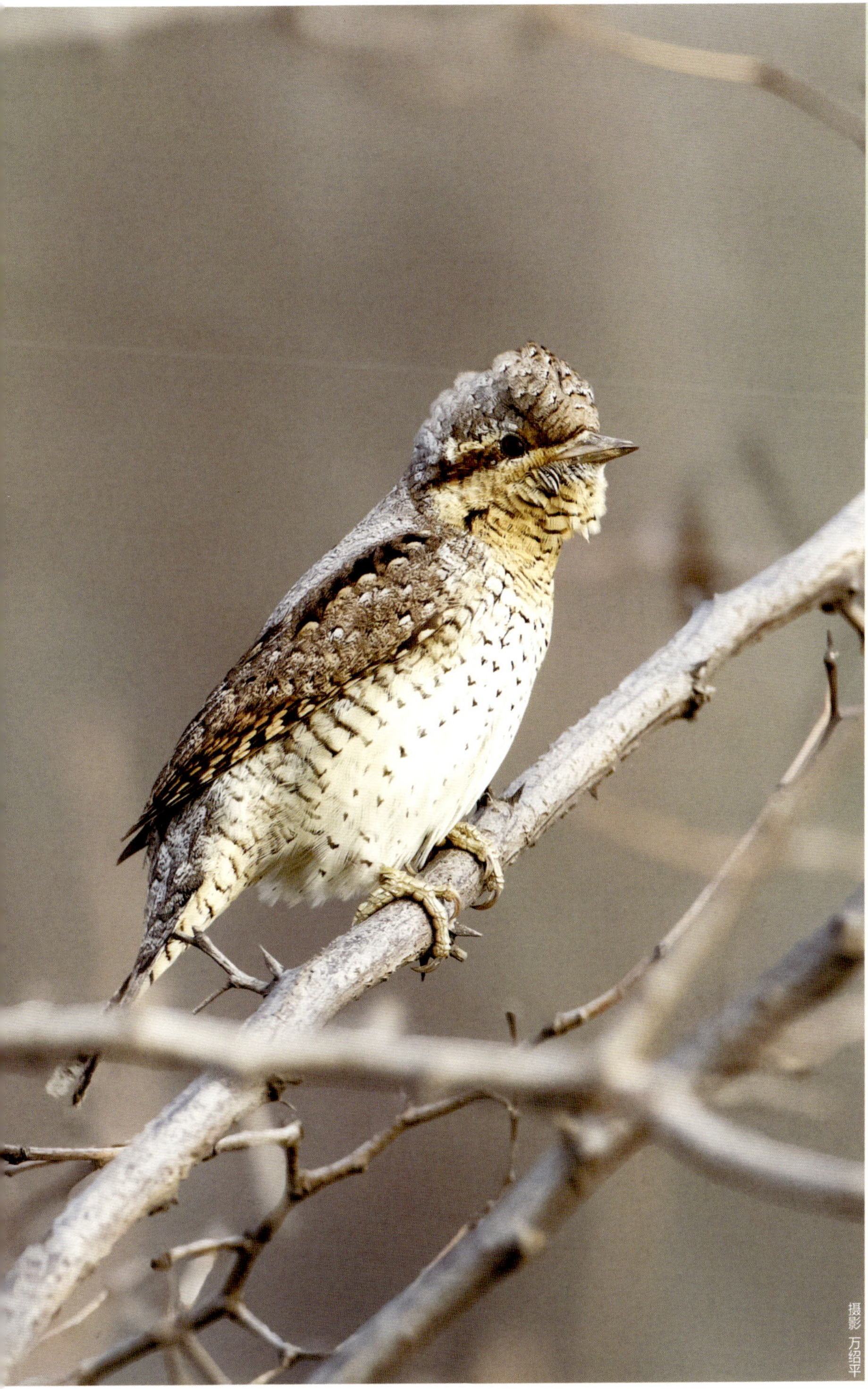

摄影 万绍平

36 斑姬啄木鸟

Picumnus innominatus | Speckled Piculet

　　斑姬啄木鸟也喜欢在密林里发出轻轻地叩击木头的声音。它的体型比白眉棕啄木鸟要稍大一些,较为短胖、浑圆,憨态可掬,尤其是那黑白相间的脸部,总会令人联想到戏剧里面的小丑,非常滑稽可爱。腹部、胸部布满黑色的横斑,背部呈橄榄色,这使得它在密林中可以很好地隐藏在婆娑的树影间,不易被发现。

　　斑姬啄木鸟在国内分布较广,但是由于体型较小,且较为依赖天然的常绿阔叶林、热带雨林生存,所以并不常见。如果想要在版纳植物园寻找它的身影,最好去林木茂盛的热带雨林区、绿石林保护区或是西区的树木园。如果你在此地听到"咚咚"的轻敲木头的声音,循声而去,说不定就能看见这种小巧可爱的啄木鸟在树干上不辞辛劳的身影。此时,屏息凝神,保持安静,不要打扰到它,就可以细细观察它好一会儿,尽兴而归。

中国科学院西双版纳热带植物园　热带雨林区、绿石林保护区和树木园

有鸟高飞——中国科学院西双版纳热带植物园·鸟类图谱

摄影 沈 越

37 白眉棕啄木鸟

LC *Sasia ochracea* | White-browed Piculet

　　当你徜徉在版纳植物园的某个角落时，可能会听到一阵阵"咚咚"的轻敲木头所发出的声响，循着声音仔细寻找，说不定就能找到一种体形和柳莺差不多大的"袖珍"啄木鸟。它的腹部和面部为橘红色，头顶和背部是橄榄色。最引人注目的是它那飘逸的白色眉纹，因此，这种鸟被形象地称为白眉棕啄木鸟。

　　白眉棕啄木鸟是中国最小的啄木鸟。最有趣的是，它那深色的大眼睛占头部的比例很大，与小巧的体型极不相称。也许因为太过娇小，这种鸟只喜欢待在较为稠密的天然森林和竹林。因此，如果想在版纳植物园寻觅它的芳踪，最好去热带雨林区、绿石林保护区和百竹园。虽然找到它的确需要一点儿运气，但是如果你捕捉到了那细微的敲击声，说明你已经离它不远了。

中国科学院西双版纳热带植物园 🐦 热带雨林区、绿石林保护区和百竹园

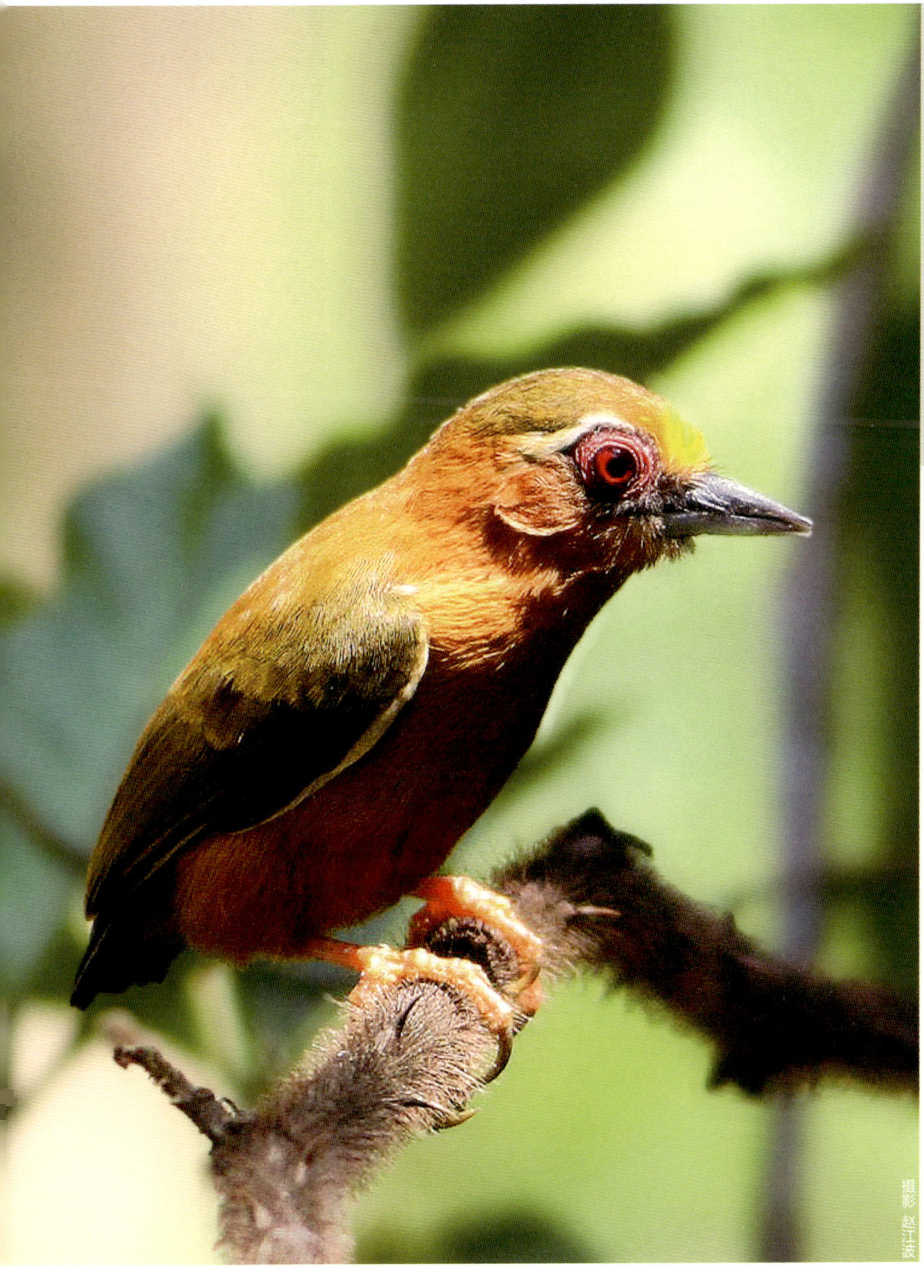

摄影 赵江波

38 栗啄木鸟

LC | *Micropternus brachyurus* | Rufous Woodpecker

　　曾经有人在西双版纳国家级自然保护区尚勇管护片区一次记录了十几种啄木鸟，包括国内极为罕见的白腹黑啄木鸟。这笔记录对国内的观鸟爱好者来说极具吸引力。如果你想来版纳植物园欣赏啄木鸟的话，那么可能要失望了，这里的 4 种啄木鸟都不太常见。

　　栗啄木鸟的中文名很简练，它的英文名也是由栗色（rufous）和啄木鸟（woodpecker）两个单词组成，可见这种啄木鸟的最大特点就是通体呈栗色（尤其当观察距离较远的时候越显栗色）。由于栗啄木鸟偏好的生境为次生林和林缘地带，所以在版纳植物园的热带雨林区较容易观察到它，但更多的时候只能通过它的叫声和錾木声来判断其位置，想要目睹的话还是需要一些运气的。相对于白眉棕啄木鸟和斑姬啄木鸟这两种国内分布的体型较小的啄木鸟，栗啄木鸟的錾木声更加强劲有力，錾木频率也由高到低的变化。这个特点也可用于区分版纳植物园的第四种啄木鸟——灰头绿啄木鸟。

中国科学院西双版纳热带植物园 🌿 热带雨林区

摄影 陈思桥

39 长尾阔嘴鸟

国 II | LC　　*Psarisomus dalhousiae* | Long-tailed Broadbill

如果没见过长尾阔嘴鸟的话，可以想象一只黄脸蓝身的鸟——头戴黑色头盔、身穿绿色披风，这大概就是长尾阔嘴鸟的样子了。拥有鲜艳羽色的阔嘴鸟常常被当作亚洲热带鸟类的代表，而长尾阔嘴鸟则可作为阔嘴鸟的颜值代表。由于喜欢集群在森林中层活动，长尾阔嘴鸟并不属于版纳植物园的常见鸟种，但它经常发出 5~8 声甜美响亮的鸣声。如果你熟悉它的叫声，那么在热带雨林区或者绿石林保护区待上一阵子，就很有可能记录到这种可爱的鸟类。

长尾阔嘴鸟属于西双版纳地区的留鸟，在繁殖季可以观察到它粗糙简陋的悬挂式鸟巢。它的鸟巢经常被误认为是被风吹到树枝上的一堆杂草，这与其华丽的外表和甜美的叫声多少不太相符。

中国科学院西双版纳热带植物园 🐦 热带雨林区、绿石林保护区

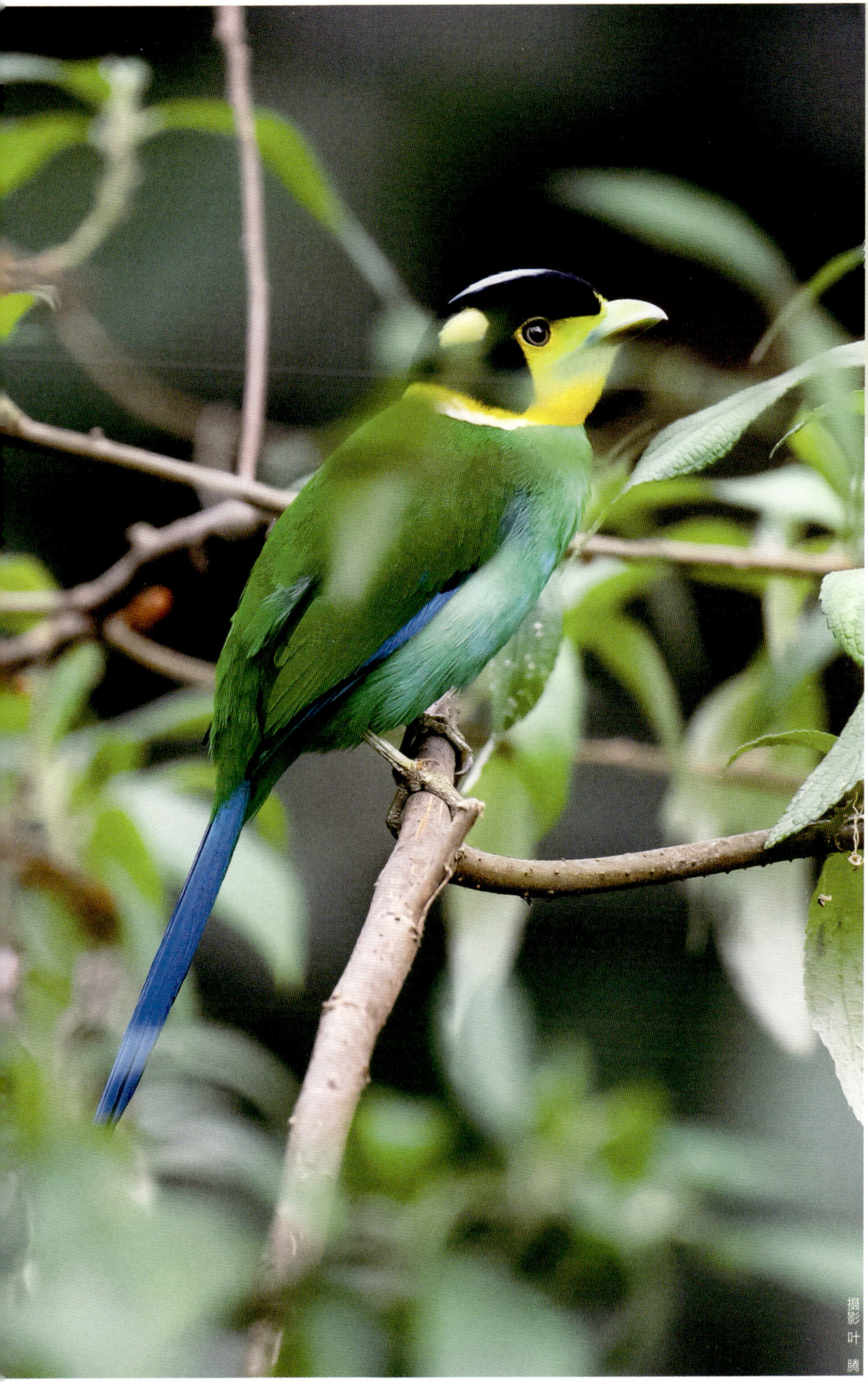

摄影 叶腾

40 银胸丝冠鸟

国 II | LC

Serilophus lunatus | Silver-breasted Broadbill

　　长尾阔嘴鸟的尾部约占它体长的一半，使其看起来比较修长。但银胸丝冠鸟与阔嘴鸟科的其他成员一样，长着一副粗壮的身材。从正面观察，它似乎平淡无奇，但若从侧面欣赏，你会发现它确实值得细细品味：灰色的头部点缀着黄色眼周和黑色眼罩，栗色的肩背部衬托着具有蓝色翅斑的黑色翅膀。银胸丝冠鸟与同属一科的长尾阔嘴鸟一样，具有悬挂于树枝末端的鸟巢。它喜欢飞行时在树叶间捕食，经常结小群在树冠下层活动，也会与其他鸟种混群。

　　作为留鸟，银胸丝冠鸟在版纳植物园的种群并不稳定，只是偶尔出现在热带雨林区或者绿石林保护区，也会光顾西区的树木园或榕树园等地。如果你特别想欣赏这种鸟，而在版纳植物园未能如愿的话，那么建议你去南贡山或者西双版纳热带雨林国家公园望天树景区碰碰运气，那里的观察记录更稳定。

中国科学院西双版纳热带植物园　热带雨林区、绿石林保护区

摄影 李利伟

有鸟高飞——中国科学院西双版纳热带植物园·鸟类图谱

41 蓝枕八色鸫

国 II | LC
Hydrornis nipalensis | Blue-naped Pitta

什么，你问我最后一个字怎么念？这念"dōng"。碰到陌生的鸟名，你念字的半边大概有 80% 的准确率。因为大多数八色鸫的羽色艳丽且身材浑圆、可爱，再加上生性隐蔽，而观鸟爱好者往往是十分愿意接受挑战的人群，因此，八色鸫在观鸟爱好者心中有着极高的人气。

作为版纳植物园的留鸟，蓝枕八色鸫优美的双哨声常年回荡在热带雨林区。但要想亲眼看到它，还是需要极好的运气的。蓝枕八色鸫喜欢在林下地面翻拣落叶取食昆虫，也会偶尔在热带雨林区的水泥步游道上活动。所以，可以在晨昏时候进入热带雨林区试试运气，因为这时候遇到它的概率较大。这里还有一个小故事：2013 年 4 月和 10 月，分别有一只成年蓝枕八色鸫雄鸟和一只幼鸟撞击玻璃受伤，后来被版纳植物园工作人员救助，所幸伤势不严重，休养几天之后它们被成功地放归野外。

版纳植物园确切记录了 5 种八色鸫，分别为绿胸八色鸫、仙八色鸫、双辫八色鸫、蓝翅八色鸫和蓝枕八色鸫。感兴趣的话，来版纳植物园体验一次"八色鸫之旅"吧！

中国科学院西双版纳热带植物园 🦜 热带雨林区

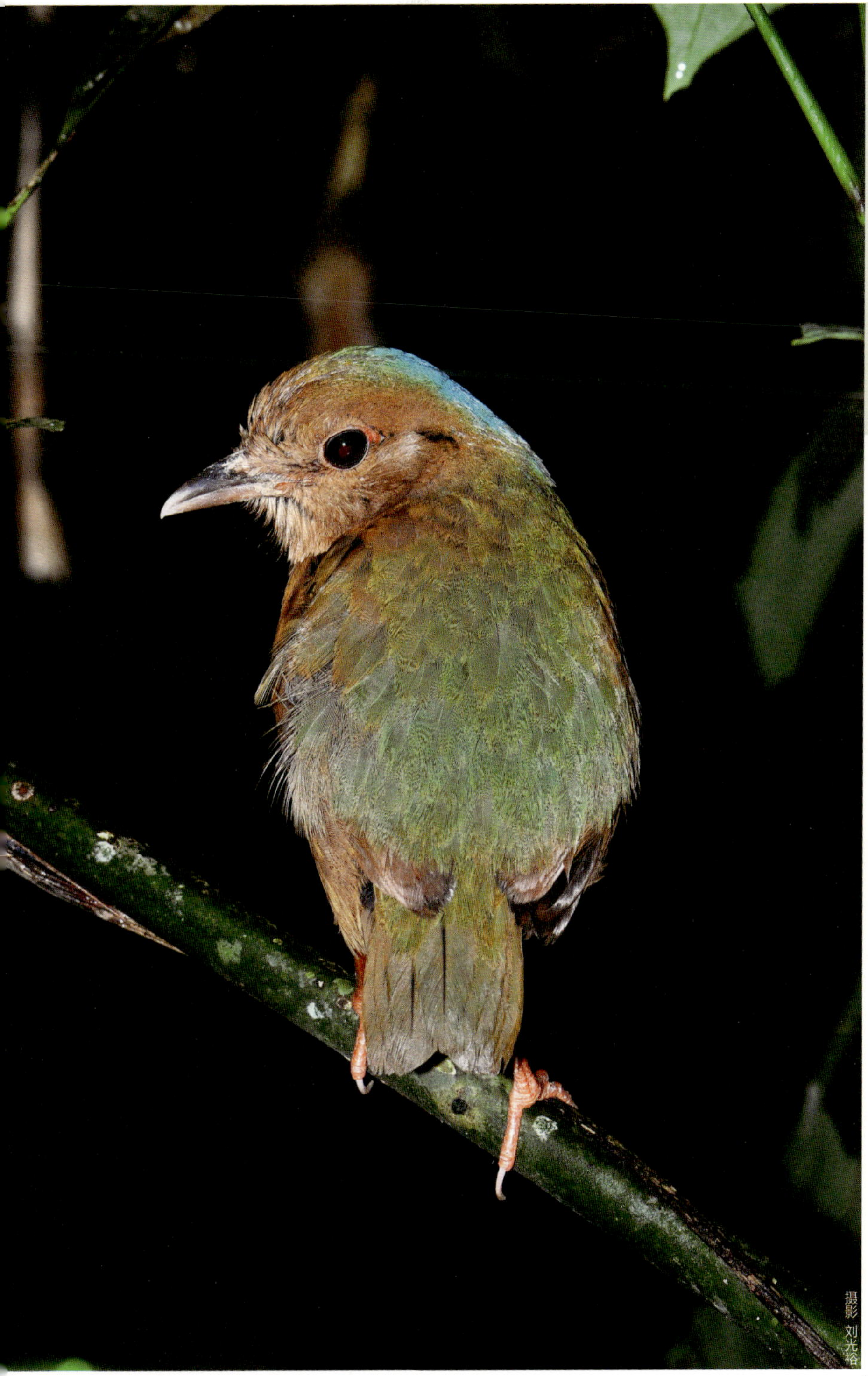

摄影 刘光裕

42 绿胸八色鸫

国 II | LC

Pitta sordida | Western Hooded Pitta

"蓦然回首，那人却在，灯火阑珊处"，用来形容你看到绿胸八色鸫的瞬间是最合适不过了。

绿胸八色鸫是 2016 年第五届中国科学院西双版纳热带植物园观鸟节的吉祥物，我们以它为原型制作了观鸟节的纪念品。它是一种典型的热带雨林鸟类，喜欢在茂密的森林底层活动，翻拣落叶及朽木中的无脊椎动物为食。它非常隐蔽，并不容易被看到。但是，在每年 6 ~ 8 月，如果你清晨或者傍晚到版纳植物园热带雨林区的步游道上走走，说不定就能碰到一只腿部修长的鸟突然出现在你面前。它用黑色的大眼睛"无辜"地和你对视片刻，然后振翅飞入雨林中，留下你独自在那里狂喜或怅然若失：我真的看到绿胸八色鸫啦！

中国科学院西双版纳热带植物园 🐦 热带雨林区

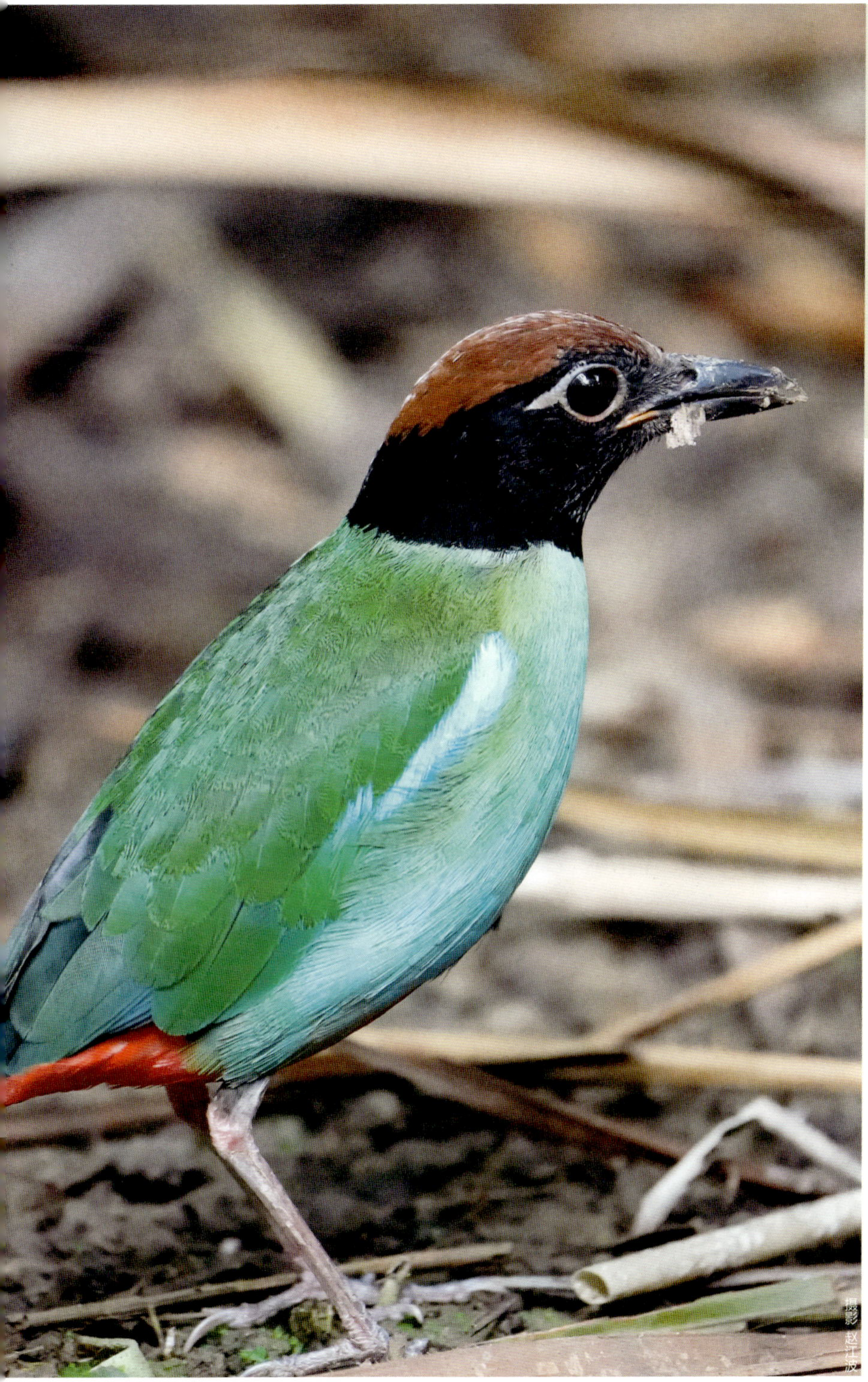

摄影 赵江波

43 灰燕鵙

LC　*Artamus fuscus* | Ashy Woodswallow

"鵙"字或许可以作为判断一个人是否为观鸟爱好者的依据。"鵙"为古代对伯劳的叫法，现代中文鸟名中保留该字的还有莺科的鸥鹛、鸦科的鹊鹛、鹊鹛和林鹛。这表示这些鸟与伯劳在外形上有些相似，实际上，它们与伯劳的亲缘关系也确实比较近。灰燕鵙主要以昆虫为食，像蜂虎一样用喙捕食飞行中的昆虫；停歇时，喜欢站在高压电线、高压铁塔或高树无遮挡的树枝上。

2012 年，在第二届中国科学院西双版纳热带植物园观鸟节上，有一只疑似小型猛禽的鸟从上空飞过，几位来自北方的鸟友都在猜是哪种隼，根本没有人认为那会是一只灰燕鵙。灰燕鵙身材敦实，在版纳植物园出现的记录不多，几乎没有人见过它在版纳植物园停留，这让以灰色和灰蓝色为主要体色的灰燕鵙更显神秘。

中国科学院西双版纳热带植物园 🍃 曼安吊桥

摄影 赵江波

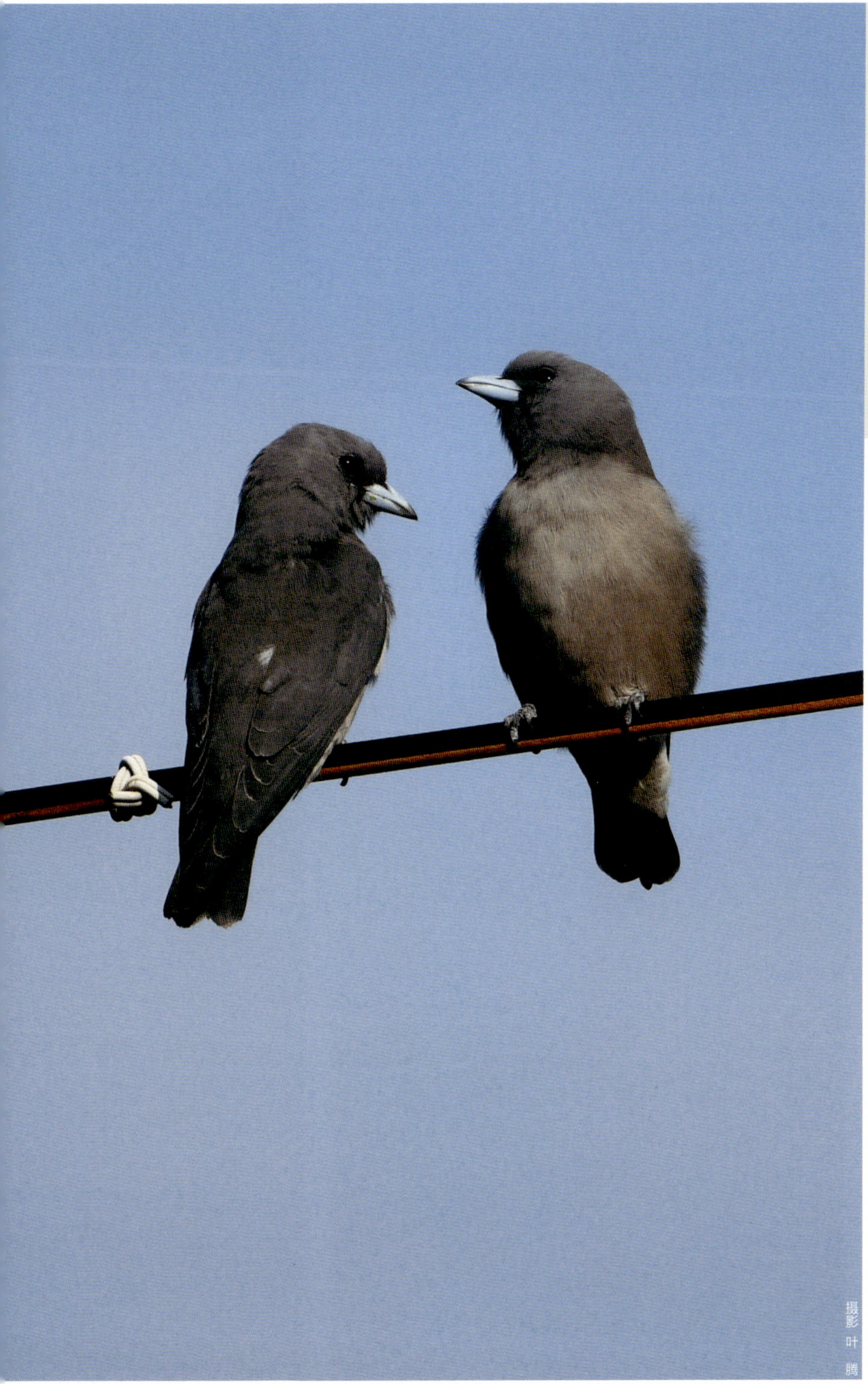

摄影 叶腾

44 褐背鹟鵙

LC ｜ *Hemipus picatus* ｜ Bar-winged Flycatcher-shrike

正如前面在描述灰燕鵙时对"鵙"字做的解释，褐背鹟鵙可以看作是迷你版的伯劳。只要观察它略带尖钩的喙便可知它名字的由来。褐背鹟鵙的体色很单一：头顶为黑色，背部为黑褐色，就连翅膀和尾羽也是纯黑色的。只有白色的翅斑和腹部才使它在幽深阴暗的雨林深处稍显醒目。它的叫声与方尾鹟较为类似，但更响亮。别看它个头不大，那带着锐利弯钩的喙却为它增添了几分"自信"和勇猛。

和很多依赖雨林生存的鸟不同，这种鸟并不喜欢把自己隐藏在密密的树林中，而是经常将自己暴露在林窗的空旷处，站在一根枯枝或藤条上，伺机捕捉林中飞舞的昆虫。因此，几乎每次去热带雨林区观鸟都能见到它的身影。但是，由于它几乎只栖息在天然的热带、亚热带森林中，想要在版纳植物园观察到它，也只能去东区的热带雨林区和绿石林保护区。

中国科学院西双版纳热带植物园 🦜 热带雨林区、绿石林保护区

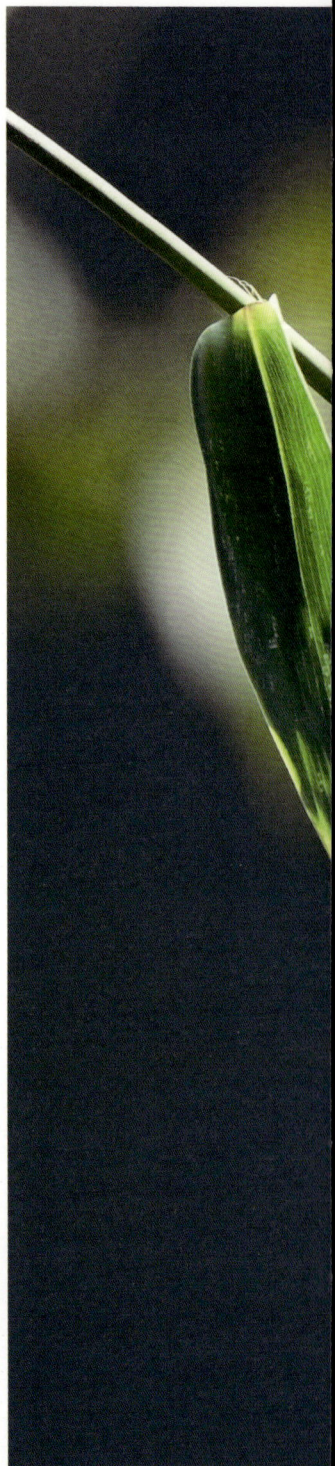

摄影 李利伟

摄影 叶 腾

45　黑翅雀鹛

LC　*Aegithina tiphia* │ Common Iora

每年 11 月，当国树国花园的榕树结果时，就能听到树丛间传来阵阵悠扬的"笛音"。那是黑翅雀鹛发出的鸣声。对于大多数第一次来云南观鸟的人来说，这可能是一个新的观察记录，因为它基本上只分布在云南南部和广西西南部。

黑翅雀鹛是一种树栖性的绿色小型鸟，上背绿色，下体黄色，翅膀上有两道明显的白色横纹，比较容易辨认。它喜欢在开阔的次生阔叶林及杂木灌丛中活动，因此百花园常常是一个不错的观察地点。黑翅雀鹛的故事乏善可陈。作为一种地区性的常见鸟种，它常常在多叶的树枝间跳动，寻找昆虫、植物果实和种子。虽然不需要你费九牛二虎之力去寻找，但也不会随时随地出现在你面前。你关注它，它就在那里；你不关注它，它也低调地过着自己的生活。

中国科学院西双版纳热带植物园 🌿 百花园

摄影 寰 尘

46 大绿雀鹎

LC

Aegithina lafresnayei | Great Iora

中国只有两种雀鹎科的鸟。相对于前面提到的黑翅雀鹎，大绿雀鹎的分布范围更狭窄，基本上只分布于西双版纳以及纬度更南的东南亚地区，很值得你花点儿工夫在版纳植物园里把它们一次性都观察到。想看到黑翅雀鹎相对容易，而想看到大绿雀鹎虽然难度稍大，但概率还是很高的。大绿雀鹎的体长比黑翅雀鹎长几厘米，体色也相差不多，关键的区分特征是它的翅膀上没有任何白色的翼斑，颜色单一。不过，如果你只能在树下仰望而看不到它的背部（在热带雨林中观鸟这是经常碰到的情况），还有一个诀窍是大绿雀鹎的腹部明显更黄，接近于金黄色。

大绿雀鹎更喜欢浓密的树林，所以在热带雨林区看到它的可能性更大。此外，西区的百竹园和树木园偶尔也会出现它的身影。大绿雀鹎的鸣声比较普通，缺乏明显的识别特征，需要你在实践中掌握分辨它的诀窍。

中国科学院西双版纳热带植物园 🐦 热带雨林区、百竹园和树木园

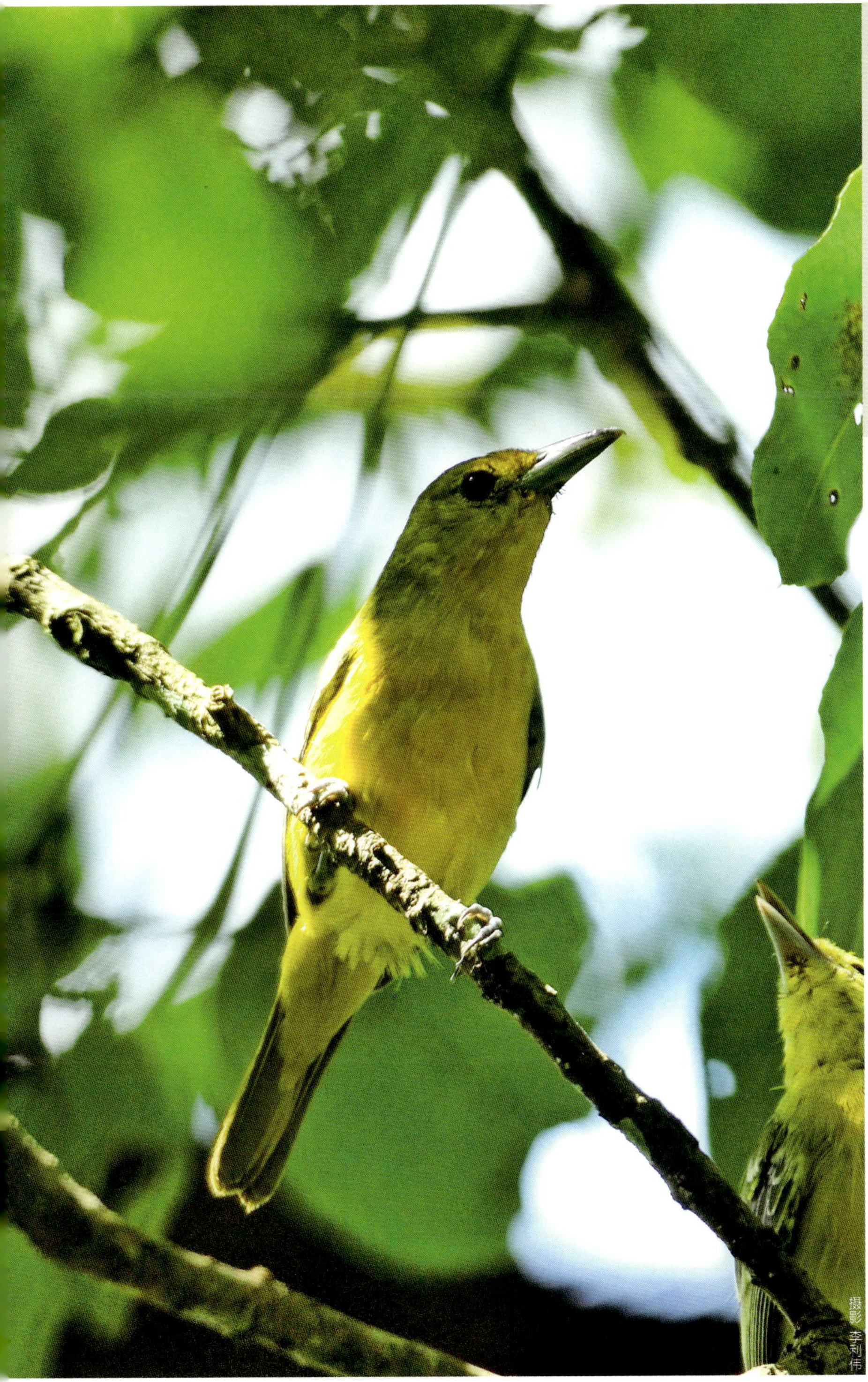

摄影 李利伟

47 赤红山椒鸟

LC | *Pericrocotus speciosus* | Scarlet Minivet

如果要用"浓艳"来形容一种鸟的话，我会选择赤红山椒鸟。在西双版纳的艳阳下，当赤红山椒鸟从头顶飞过，望着天空中留下鲜红和明黄的身影，对于第一次观鸟的人来说，很有可能会怀疑自己产生了幻觉。与大多数山椒鸟一样，赤红山椒鸟雄鸟的体色呈红黑相间，雌鸟则黄黑相间。赤红山椒鸟在中国境内的分布范围较广，同时拥有山椒鸟中最为艳丽的羽色，使它成为山椒鸟的代表。

赤红山椒鸟常常成对或成小群在枝叶间觅食，通过用力扇动翅膀将昆虫从躲藏的树叶中驱赶出来而进行捕食。除此之外，在飞行中捕食昆虫，也是赤红山椒鸟的"拿手绝活"。赤红山椒鸟还能利用蜘蛛网来筑巢，它会用蜘蛛网将巢材固定到一起，以增加鸟巢的强度。

中国科学院西双版纳热带植物园 🌿 全园

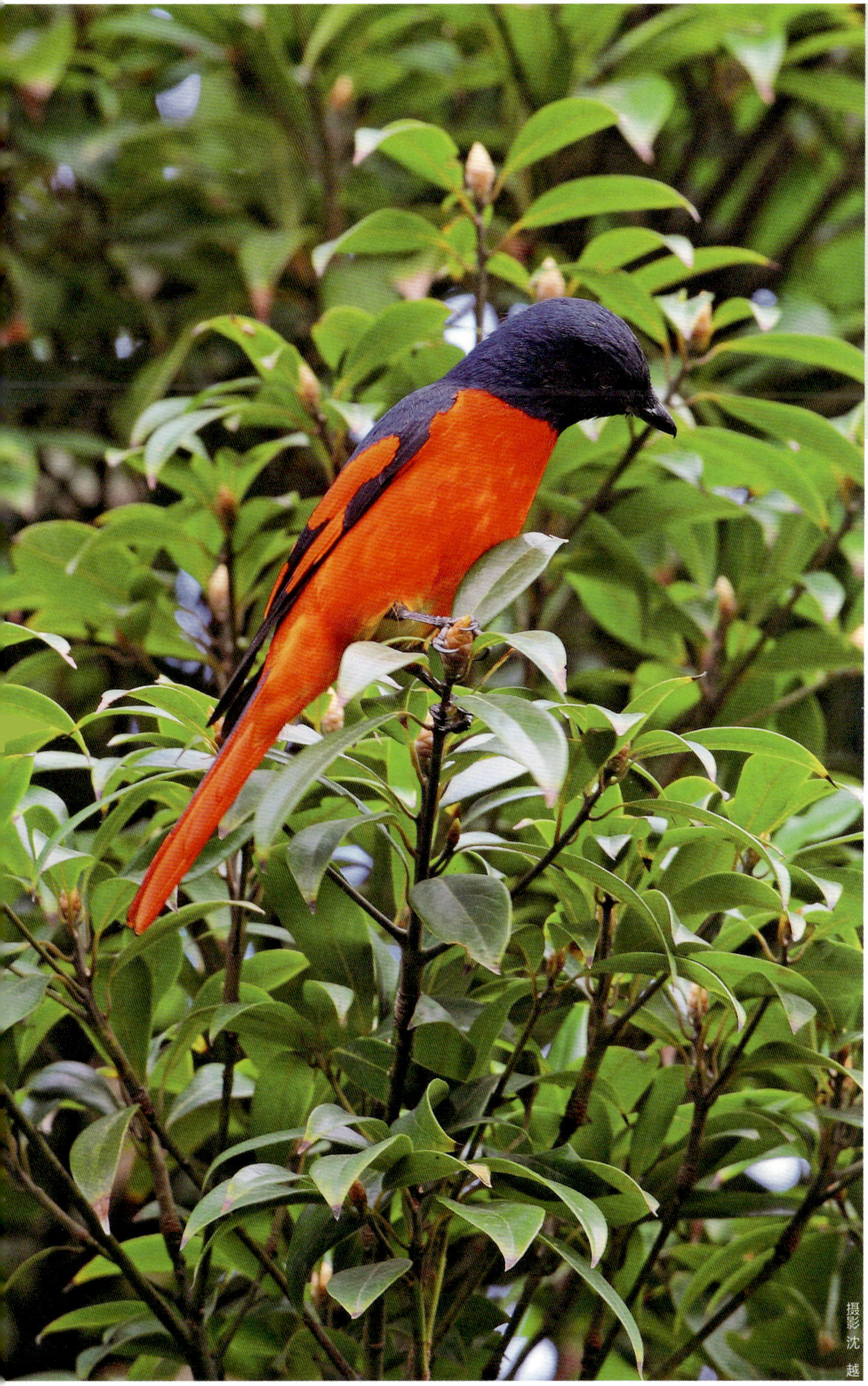

摄影 沈越

48 栗背伯劳

LC *Lanius collurioides* | Burmese Shrike

栗背伯劳上体整体呈栗色，头顶和上背呈灰色，栗色和灰色界限明显。它在国内有着不算狭窄的分布范围，但因为在云南南部和西部之外的地方并不常见，所以也算是版纳植物园的特色鸟种之一。

与中国南方常见的棕背伯劳一样，栗背伯劳也喜欢开阔的生境，具有较稳定的领域，经常直立上身在高处栖息。由于这两种伯劳的外形非常相似，棕背伯劳常常被观鸟初学者忽略，尤其是在这两种鸟同时出现的地方。版纳植物园的百花园就是其中之一。此外，你还可以在国树国花园发现另一只栗背伯劳的身影。

中国科学院西双版纳热带植物园 🌿 百花园

摄影 天英

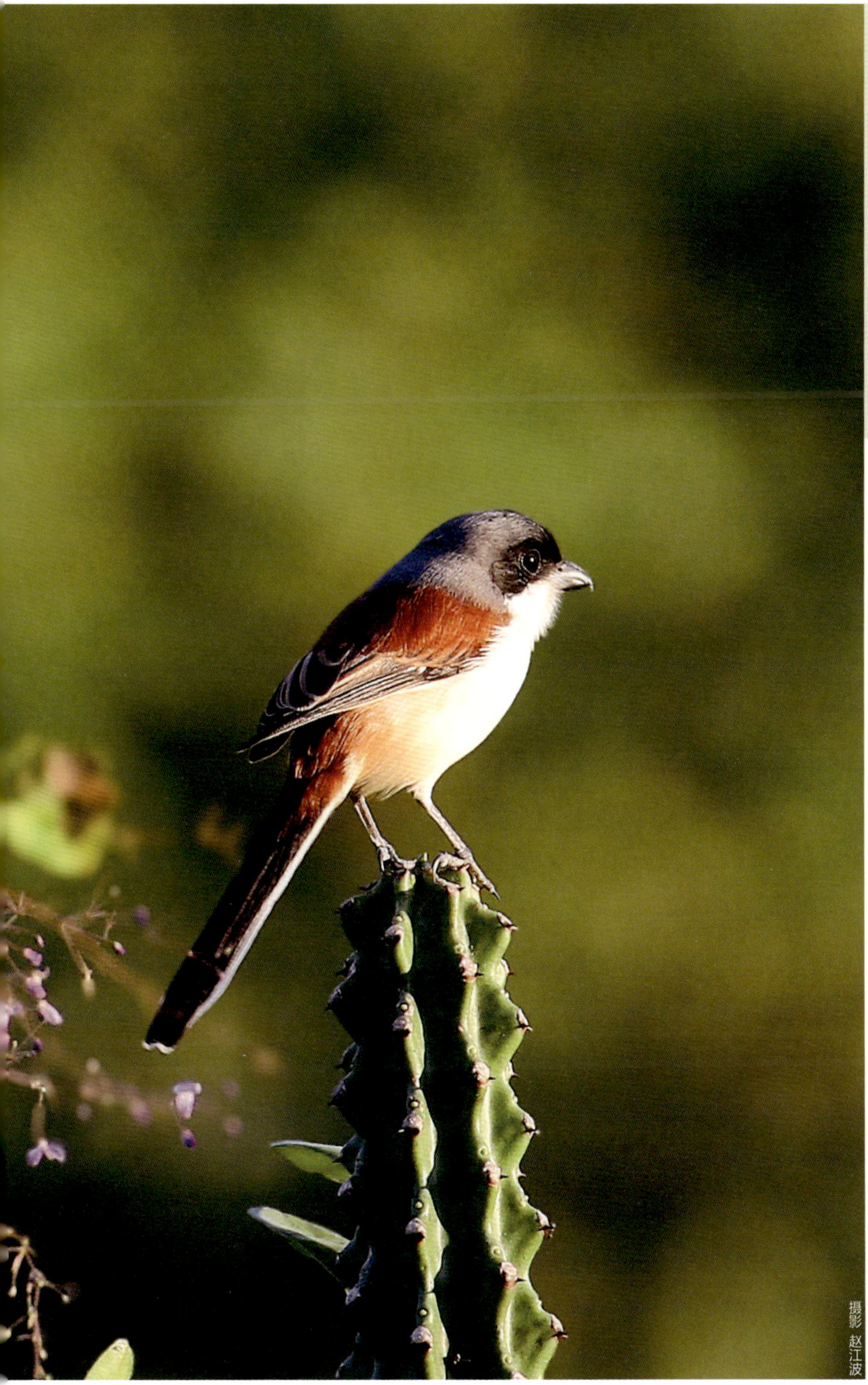

摄影 赵江波

49 灰卷尾

LC | *Dicrurus leucophaeus* | Ashy Drongo

　　灰卷尾在国内的分布范围约占中国版图的一半且比较常见，但即使是多次见过灰卷尾的人也可能将版纳植物园中的灰卷尾误认为是黑卷尾，原因在于版纳植物园中的灰卷尾为通体深灰色的西南亚种，而国内大部分地区为普通亚种和华南亚种，这两个亚种都具有如京剧丑角一样的白色脸颊。灰卷尾具有极其高超的飞行技巧，并凭借该技巧在空中捕食飞行中的昆虫甚至小型鸟类，捕食后回到原处，它们在空中划出的优美弧线，令观鸟爱好者印象深刻。灰卷尾会将巢筑在树杈上，身材魁梧的灰卷尾"蜷缩"在与其体型不搭的小巧杯状巢中，真让人啼笑皆非。

　　开阔的百花园是版纳植物园中最容易见到灰卷尾的地方，它们喜欢笔直地站在高处，所以很容易被观察到。

中国科学院西双版纳热带植物园　🦜 百花园

摄影 赵江波

50 鸦嘴卷尾

LC | *Dicrurus annectens* | Crow-billed Drongo

中国共记录了 7 种卷尾，你可以在版纳植物园找到所有的这 7 种卷尾。鸦嘴卷尾与常见的黑卷尾体长相近，但身材更加厚实，最明显的特征在于"鸦嘴卷尾"这个名字表明它们具有如乌鸦般厚实的喙部，此外尾羽较之黑卷尾开叉更浅，尾羽末端更加膨大且向上翻。虽然外形相似，但鸦嘴卷尾性格内敛，完全不同于个性张扬的黑卷尾，这也是它们很少被记录到的原因吧。

版纳植物园的鸦嘴卷尾主要分布在热带雨林区和绿石林保护区，但它们很少下到林下层活动，所以不太容易被观察到。如果你熟悉它们圆润有节奏的鸣声，那么你认识新种的机会就比较大。建议在热带雨林区或绿石林保护区找个稍微开阔的地方，用望远镜在高大乔木林冠的树枝间搜寻一下，因为它们很有可能就在那里观察着你呢。

中国科学院西双版纳热带植物园 🐦 热带雨林区、绿石林保护区

摄影 赵江波

古铜色卷尾

Dicrurus aeneus | *Bronzed Drongo*

51 古铜色卷尾

LC | *Dicrurus aeneus* | Bronzed Drongo

在中国西南地区分布广泛的古铜色卷尾十分淘气，它们不仅鸣声多变，还会模仿其他鸟类的鸣声，这为想通过鸣声辨识鸟种的观鸟爱好者增加了一定的难度。古铜色卷尾全身漆黑，胸部、背部及翅肩处的羽毛似鳞片而又富有古铜色的金属光泽，特别是在光线好的情况下，会让人有种它的羽毛是亮蓝色的而不是黑色的错觉，这是典型的结构色的特征，想必古铜色卷尾的名字就由此而来吧。

如果想在版纳植物园看到它们，热带雨林区是不二之选。从热带雨林区入口往大板根的方向，过了吊桥再走一小段可以看到一片视野相对开阔的区域，大片的藤本植物中有几棵特别显眼的乔木，它们就喜欢在那里穿梭，仔细找找，相信它们不会让你失望的。

中国科学院西双版纳热带植物园 🐦 热带雨林区

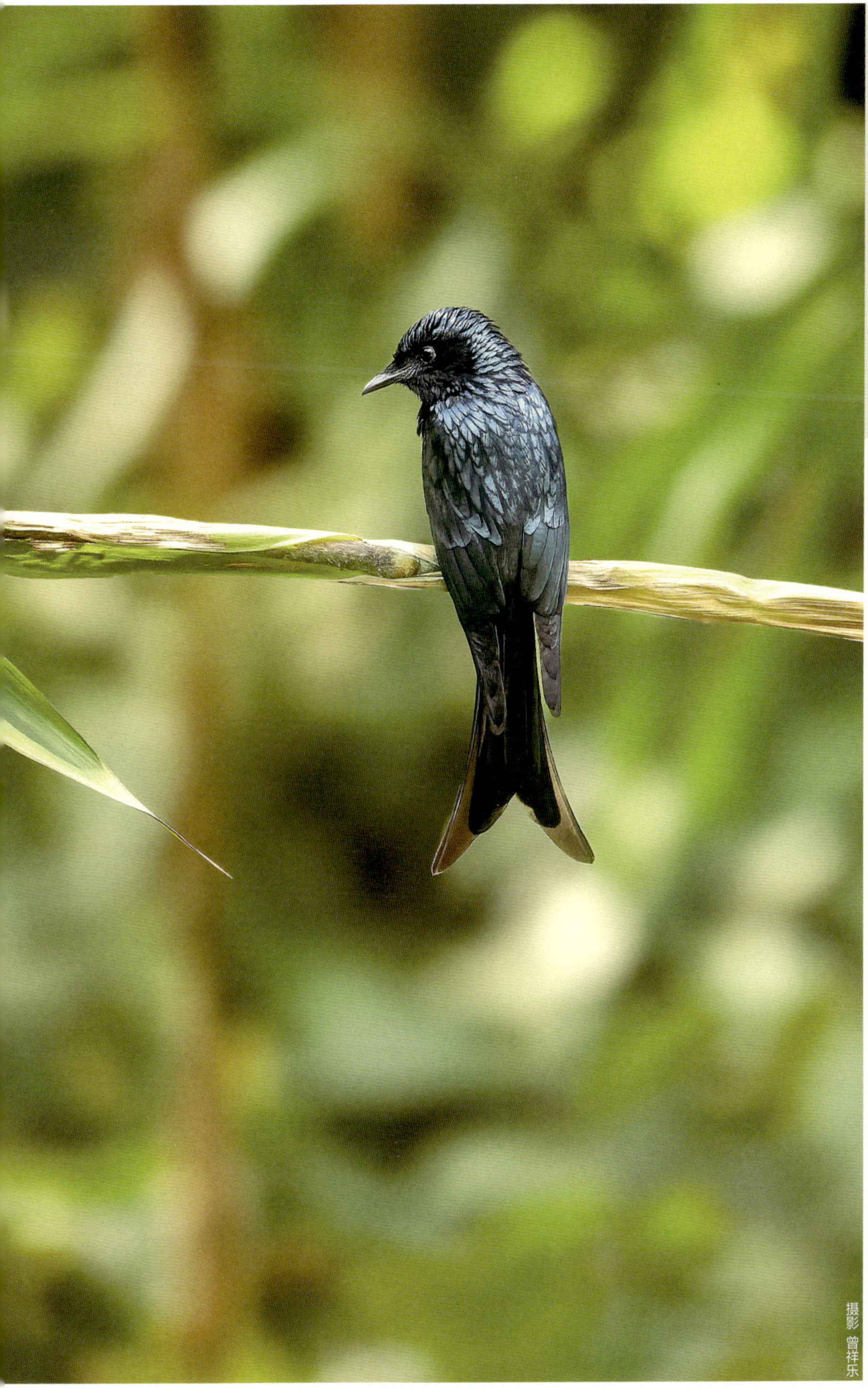

摄影 曾祥乐

52 小盘尾

国 II | LC

Dicrurus remifer | Lesser Racket-tailed Drongo

　　第一次见到这种美丽奇特的鸟，所有人都会被它那无比有趣的尾羽所震撼！很难想象尾羽两侧那极细的、几乎看不见的羽轴是怎样缀着末端羽片的。尤其是当它在林冠上空飞舞时，这两根小羽片随着翅膀的拍打有节奏地抖动着，非常滑稽！也许是为了爱惜这美丽的、修长的尾羽，小盘尾通常栖居在高高的林冠，很少在密林中穿行，这也增加了观察它的难度。不过，它那一连串响亮的叫声也经常提醒着人们它就在你的头顶。即使透过密密的林间缝隙好不容易看见了它的身姿，也经常是一个黑黑的、背对着你的剪影。

　　每年的 11 月到第二年的春节前，在版纳植物园的热带雨林区和绿石林保护区，小盘尾都会如期而至。每天清晨，当晨雾还未散去的时候，总会听见它站在高高的枝头发出响亮的鸣叫。这声音在沟谷间回荡，能传到很远。

中国科学院西双版纳热带植物园 🐦 热带雨林区、绿石林保护区

摄影 关克

53 白喉扇尾鹟

LC | *Rhipidura albicollis* | White-throated Fantail

扇尾鹟，顾名思义，尾巴像扇子一样。白喉扇尾鹟利用像扇子一样的尾巴来觅食，绝对是值得一看的经典动作。它们在飞行过程中，不停地把尾巴像扇子一样打开又收拢，看上去有点儿"神经质"，但背后却有好玩的生态学故事。雨林里很多昆虫通过物体的大小来判断危险的远近，为了躲避被吞食的命运，也是各出奇招，其中伪装是最常用的方法。扇尾鹟突然打开的尾巴，对这些本来躲在扇尾鹟眼皮底下的昆虫来说就像是一张大嘴突然出现在眼前，于是纷纷放弃伪装逃跑，但正中了圈套，成为扇尾鹟的美食。并且，扇尾鹟的这个大尾巴还起到控制飞行方向的作用，所以你能看到扇尾鹟灵活地上蹿下跳，仿佛一个不安分的小伙子。越是在视野较差的地方，扇尾鹟越会使用它的这个技巧捕食，成功率往往很高。

热带雨林中的鸟类为了提高捕食的概率，在食物缺乏的冬季往往形成"鸟浪"，各种鸟在一起觅食。其中，扇尾鹟往往"打前站"，成为觅食的主力。碰到鸟浪，是观鸟者极为兴奋的事，因为短时间内各种不同的鸟出现在你的面前，短短几分钟后又会散去，仿佛什么也没有发生过一样。

中国科学院西双版纳热带植物园 🦜 热带雨林区

摄影 赵江波

摄影 庄鹏

54 黑枕王鹟

LC *Hypothymis azurea* | Black-naped Monarch

　　黑枕王鹟没有八色鸫或鹦鹉那般炫目的羽色，但这并不妨碍它成为亚洲热带鸟种的代表之一。黑枕王鹟全身以清澈的蓝色为主，具圆形黑色枕部及白色下腹，这种搭配略显滑稽，但又透露着几分神秘感。阳光下，黑枕王鹟的纯蓝色令人印象深刻，但版纳植物园的"蓝精灵"偏爱茂密的热带雨林，这种体色在阴暗的林下则显得极为低调，它们正是通过这种"隐身"的手段来逃避天敌进而保护自己。

　　由于它们生性机警、行动敏捷，因此观鸟爱好者较难有机会静静欣赏或者拍摄到满意的照片，除非处在求偶、交配、孵化和育雏等专注于"终身大事"的阶段。据资料记载，黑枕王鹟会利用蜘蛛网作为鸟巢的黏合剂，但具有黏性的蜘蛛网是否具备抵御蚂蚁保护幼鸟的功能还值得进一步研究。

中国科学院西双版纳热带植物园 🍃 热带雨林区

摄影 赵江波

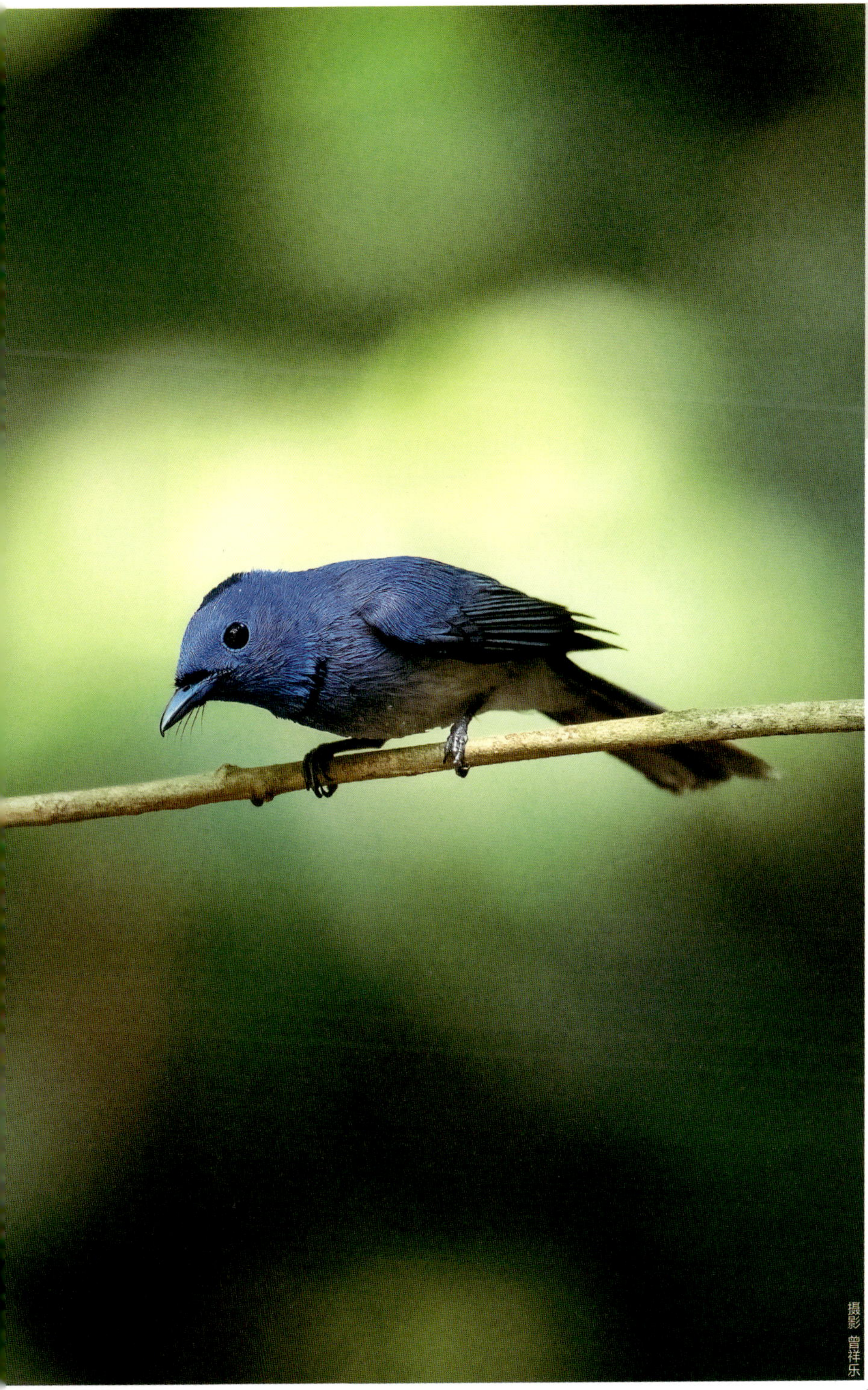

摄影 曾祥乐

55 方尾鹟

LC *Culicicapa ceylonensis* | Grey-headed Canary-flycatcher

方尾鹟可以说是版纳植物园热带雨林区中最易被目击且最易被听到鸣声的鸟种了。它们经常"光明磊落"地站在无遮挡的树枝上，而且即使飞离了也十有八九会回到原来站立的树枝上，不像其他鸟种喜欢躲在层层枝叶后面与观鸟爱好者"捉迷藏"。此外，它的叫声也极具辨识度，为 3 个音节重复的清脆甜美哨声。方尾鹟生性太活泼好动又擅长鸣叫，甚至到了让部分观鸟爱好者讨厌的地步，因为相对来说其他鸟种都太隐蔽了，而观鸟爱好者的注意力很容易被方尾鹟转移。

作为混合鸟群的常客，方尾鹟经常和其他鸟种一起在树枝间跳跃并追逐捕食昆虫，它们还有与大部分雀形目鸟类不同的繁殖行为——鸟巢由雌鸟独立完成。

方尾鹟原属鹟科，最新的系统发育研究将方尾鹟归到与山雀科亲缘关系更近的仙莺科。

中国科学院西双版纳热带植物园 🦜 热带雨林区

摄影
肖克坚

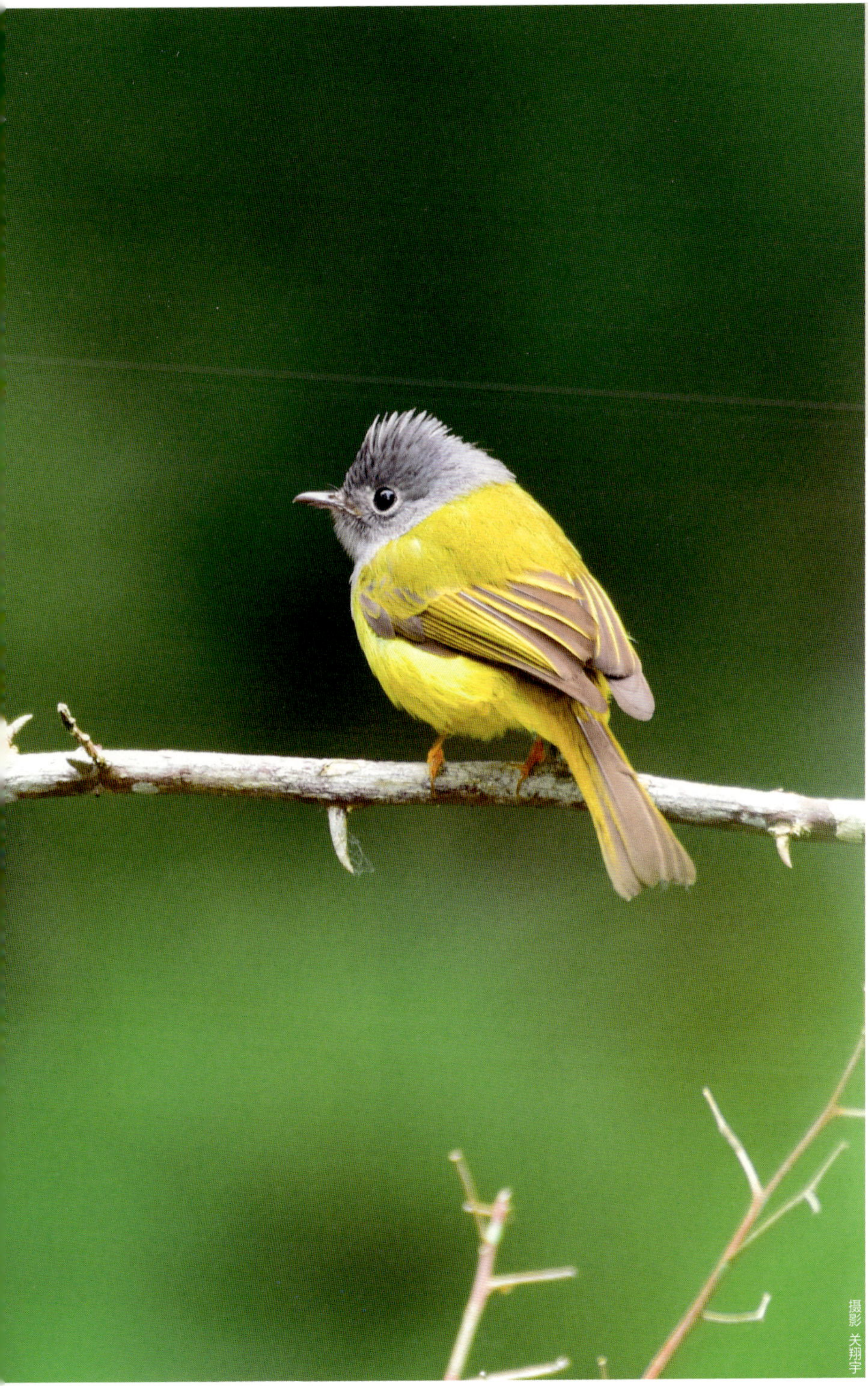

摄影 关翔宇

56 黑头鹎

LC | *Brachypodius atriceps* | Black-headed Bulbul

　　如果你在版纳植物园东区观鸟时看见头部黑色、浑身鲜黄的鹎类，一定要仔细观察，它可能就是黑头鹎——一种在中国分布狭窄、较为罕见的鹎类。黑头鹎的长相和黑冠黄鹎很像，都有着乌黑的头部、脸颊和鲜黄的身体。但最明显的区别是黑头鹎的头部没有后者高耸的冠羽。另外，黑头鹎的体色更为鲜艳，而且那尾缘的鲜黄色也与漆黑的底色搭配得相得益彰，在热带雨林区茂密的树丛中非常显眼。

　　黑头鹎在中国仅分布于云南南部的热带地区，在版纳植物园中性格羞涩的它一般只出现在东区的热带雨林区和绿石林保护区，且每次基本是单只出现，很少集群。它有时会飞到科研中心附近的乔木上停歇，基本上不会出现在西区游人嘈杂的区域和开阔的生境。

中国科学院西双版纳热带植物园 🐦 热带雨林区、绿石林保护区

摄影 曾祥乐

57 黑冠黄鹎

LC *Rubigula flaviventris* | Black-capped Bulbul

　　黑冠黄鹎拥有纯黑色的脑袋，黄绿色的身体，再加上高高耸立的黑色冠羽，就这几点已经让它颜值大增。更为有趣的是，如果仔细观察，你会发现它的白色虹膜在纯黑脸颊的反衬下非常显眼。漫步在版纳植物园，如果你看见树丛中忽然有鲜黄色的影子在闪烁，同时还伴随着悦耳的鸣唱声，很可能就是它了。

　　黑冠黄鹎非常喜爱榕树的果实。版纳植物园的榕树集中结果的时候，也是观察它最好的时候。这种鸟虽然常见，但是数量要相对少很多，并且不是很喜欢集群。相对于喜欢人工植被和开阔生境的红耳鹎和白喉红臀鹎，黑冠黄鹎更偏爱天然的植被。因此，平日里除了西区的树木园、百香园、能源植物园等有高大乔木的区域，东区的热带雨林区也较容易观察到它。

中国科学院西双版纳热带植物园 🐦 树木园、百香园、能源植物园、热带雨林区

摄影 朱英

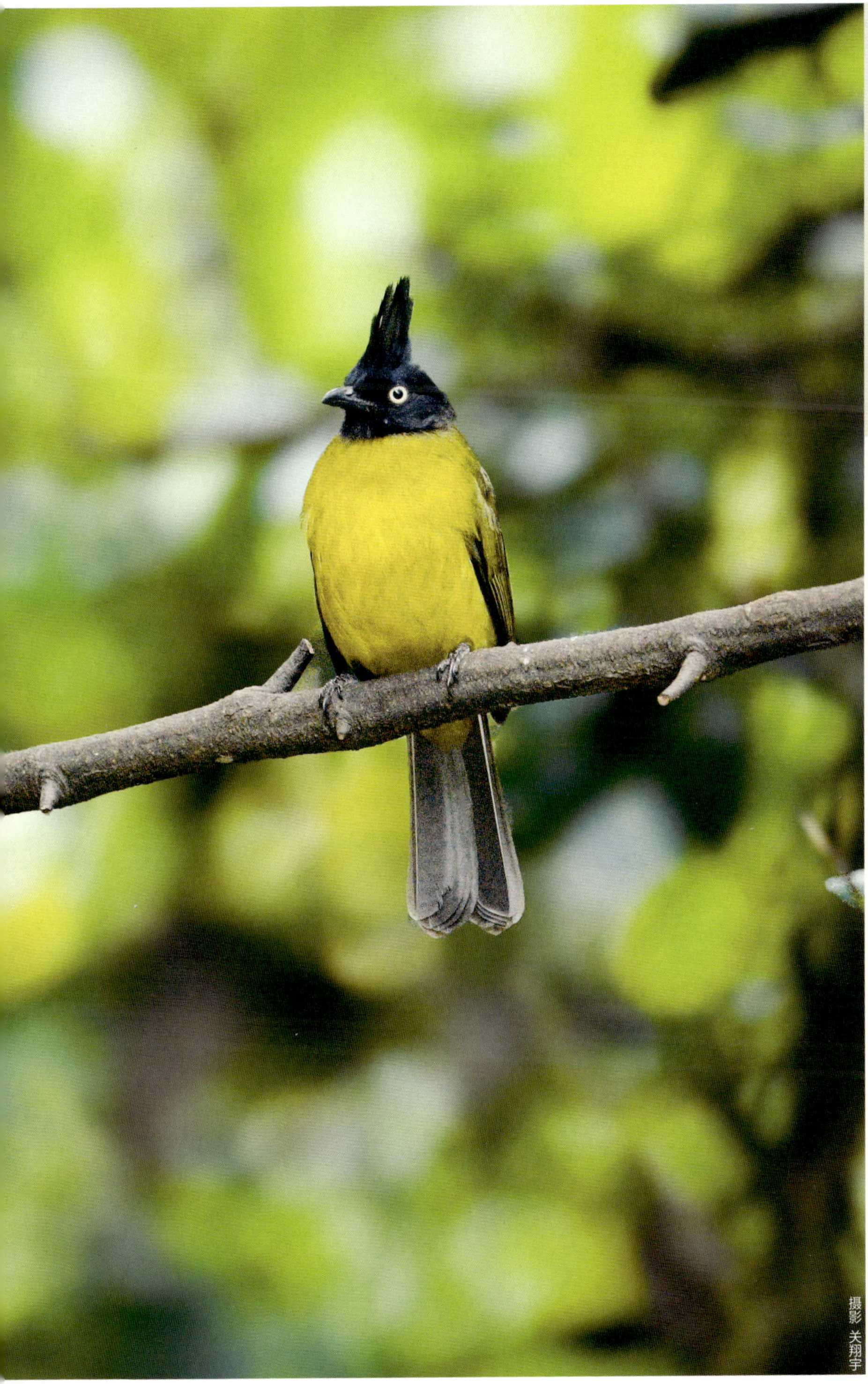

摄影 关翔宇

58 红耳鹎

LC *Pycnonotus jocosus* | Red-whiskered Bulbul

因为云南常见的鹎类都有黑色的头部，所以当地人把鹎类通称为"黑头公"，这与南方多地将白头鹎称为"白头翁"遥相呼应。红耳鹎是版纳植物园少数几种不用借助望远镜即可识别的鸟类，因为它们具有辨识度极高的微微向前弯曲的高耸冠羽，而鲜红的臀部在黑、白、褐的体色中尤其显眼，而且它们不甚怕人，这就允许人们能较近距离地进行观察。当然，如果你的眼神足够好的话，也可以观察到红色的耳斑，这也是它们名字的由来。与偏爱开阔地带的白喉红臀鹎不同，红耳鹎更喜欢林缘和灌丛，这种生态位的分化可能是形成版纳植物园的鸟类多样性的重要原因之一。

虽然长相并不算出众，但拥有婉转鸣声的红耳鹎却是越南、泰国及印度等国家非常受欢迎的宠物鸟，甚至在澳大利亚和遥远的美国部分地区也有逃逸笼鸟建立的稳定种群。

版纳植物园的科研工作者对红耳鹎的繁殖行为进行了长期观察，发现一个有趣的现象，即红耳鹎会"偷窥"繁殖的同类，并以同类的繁殖成功作为判断依据进行巢址的选择。

中国科学院西双版纳热带植物园 全园

摄影 朱英

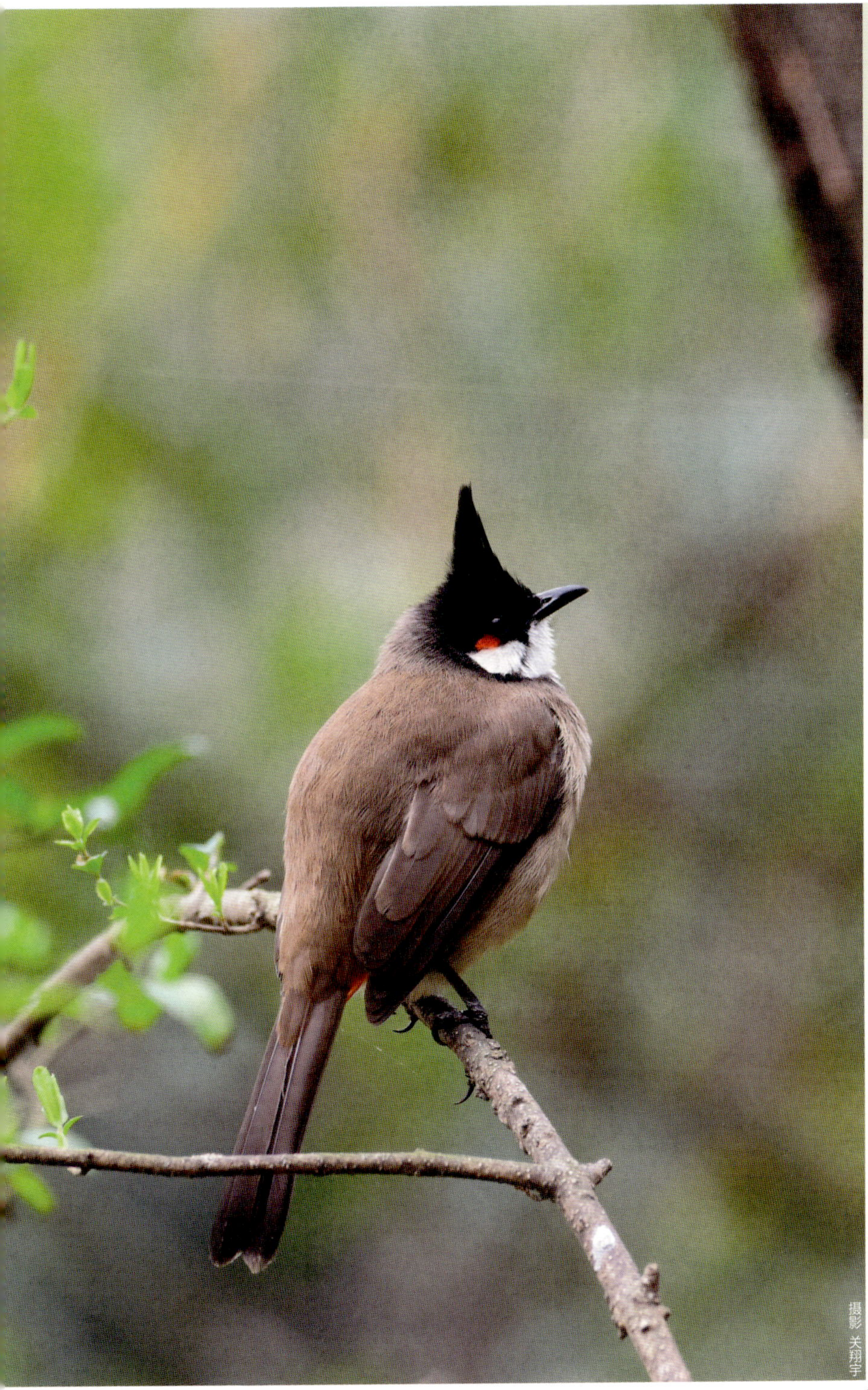

摄影 关翔宇

59 白喉红臀鹎

LC *Pycnonotus aurigaster* | Sooty-headed Bulbul

初来版纳植物园，无论是否观鸟，你一定会被一种随处可见、三五成群、喜欢聚集在不高的枝头喧闹的鸟儿吸引。它的体型、长相和鸣声与红耳鹎较为相似，这就是白喉红臀鹎，版纳植物园最常见的鹎类。

和红耳鹎不同，白喉红臀鹎头部的"发型"不是高高耸起的冠羽，而是乌黑的"朋克头"。背部的颜色较红耳鹎略浅，腹部也是不起眼的污白色。只有臀部的鲜红和尾羽末端的白色边缘是它们作为热带鸟类较为吸引人的地方。也许是习惯了每日在版纳植物园里过往的游客，这种鸟胆子很大，不怎么怕人，只有当你故意凑近想要仔细欣赏它们时，它们才会在发出一阵喧闹的警报声后翩然飞去。

白喉红臀鹎是典型的热带鹎类，在云南的很多低海拔区域都有分布。它们的适应能力极强，因此无论是在公园、农田，还是城市的街道，都能见到它们的踪影。在版纳植物园，视野开阔的百花园是它们最喜爱的地方。在这里，你甚至不用望远镜就可以看见它们在枝头好奇地转动着小脑袋与你对视，在近距离接触的瞬间，它那滑稽、可爱的一招一式会令你难忘。

中国科学院西双版纳热带植物园 🌿 全园

摄影 赵江波

摄影 朱 英

60 白喉冠鹎

LC | *Alophoixus pallidus* | Puff-throated Bulbul

　　当你步入东区的热带雨林区时，经常会听见一阵嘈杂、单调的"咔咔"声从茂密的树丛间传来，打破了周围的寂静，伴随着几个快速闪现在你眼前然后立刻消失在密林中的影子，它们就是白喉冠鹎。

　　相对于红耳鹎和白喉红臀鹎，体型较大的白喉冠鹎的长相更不起眼。从头到尾一身略带橄榄绿的土黄色甚至让它显得有些"脏"，头顶的冠羽也不像白喉红臀鹎那样整齐，而是有些凌乱。只有喉部的白色非常显眼，像一撮白胡子。

　　不同于前述的两种喜欢人工植被和开阔生境的鹎类，白喉冠鹎偏爱荫蔽的热带雨林。因此在版纳植物园，西区的百花园和各专类园常常不见它们的踪影，只有到了东区的热带雨林区和绿石林保护区，才能较为容易地看见它们。或许这种鸟早已习惯了阴湿的林下生境，进化出这种非常不起眼的颜色来使自己更好地隐藏在雨林的树丛中。

中国科学院西双版纳热带植物园　热带雨林区、绿石林保护区

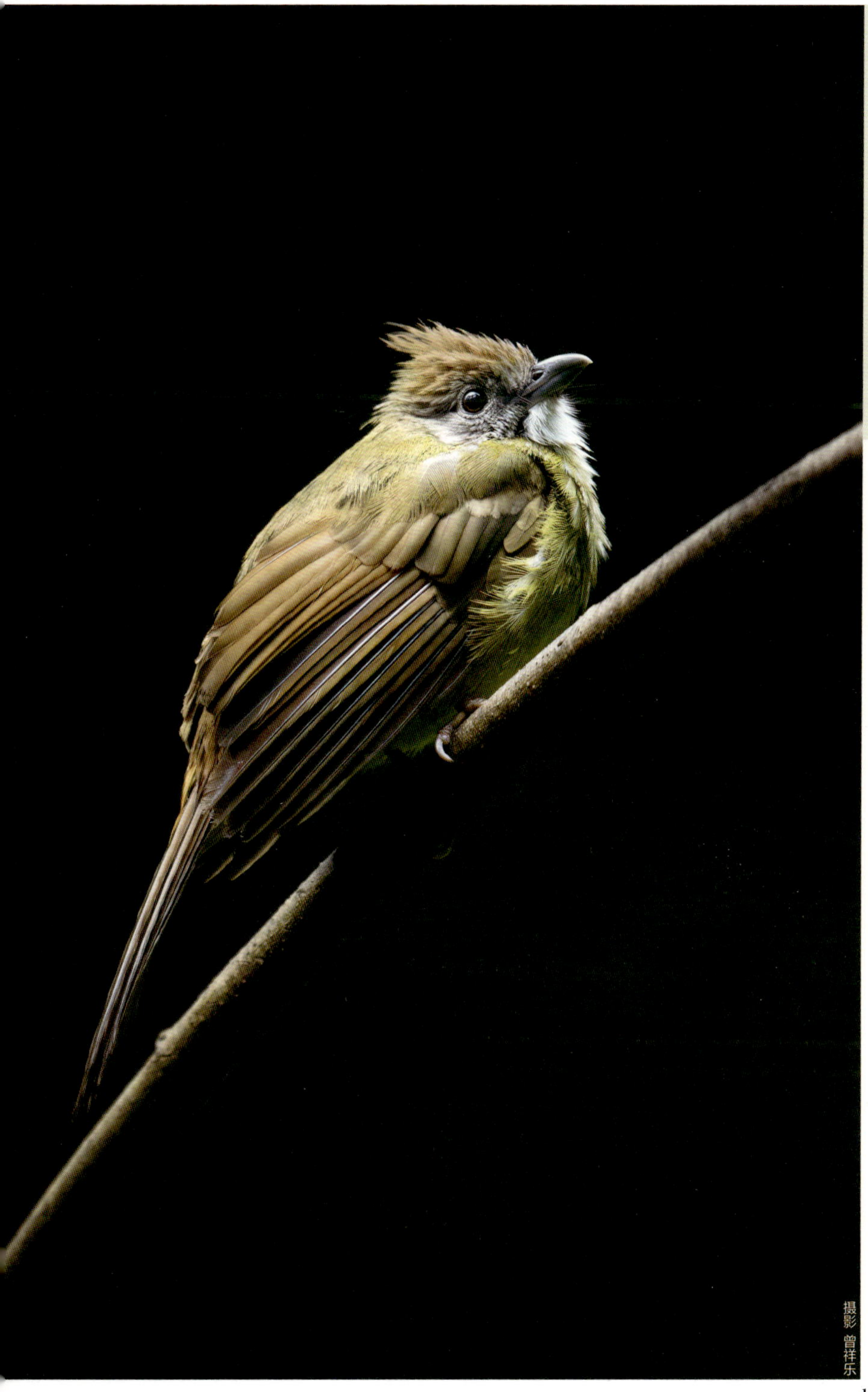

摄影 曾祥乐

61 灰眼短脚鹎

LC | *Iole propinqua* | Grey-eyed Bulbul

当你漫步在热带雨林区中，有时会听到在一阵骚动后，茂密的树冠中传来类似猫叫的声音。这声音非常特殊、滑稽，让初来此地观鸟的朋友们印象深刻，这就是灰眼短脚鹎的叫声。

与白喉冠鹎类似，灰眼短脚鹎的长相实在没什么特点，而且通体的色调也与白喉冠鹎非常相似，只是头部没有明显的冠羽。顾名思义，它的眼圈外是灰色的羽毛，但不是很明显，只有臀部的黄色是它唯一较为显眼的地方。

灰眼短脚鹎是一种严格依赖于天然热带森林的鹎类，因此在版纳植物园，它只出没于东区的热带雨林区和绿石林保护区。其性格较为羞涩，喜欢集群，但也常常是只闻其声，不见其踪。即使有幸看见，它也是躲在高高的枝头，把黄色的臀部显露给你，拍摄难度相当大。

中国科学院西双版纳热带植物园 🦜 热带雨林区、绿石林保护区

摄影 陈 云

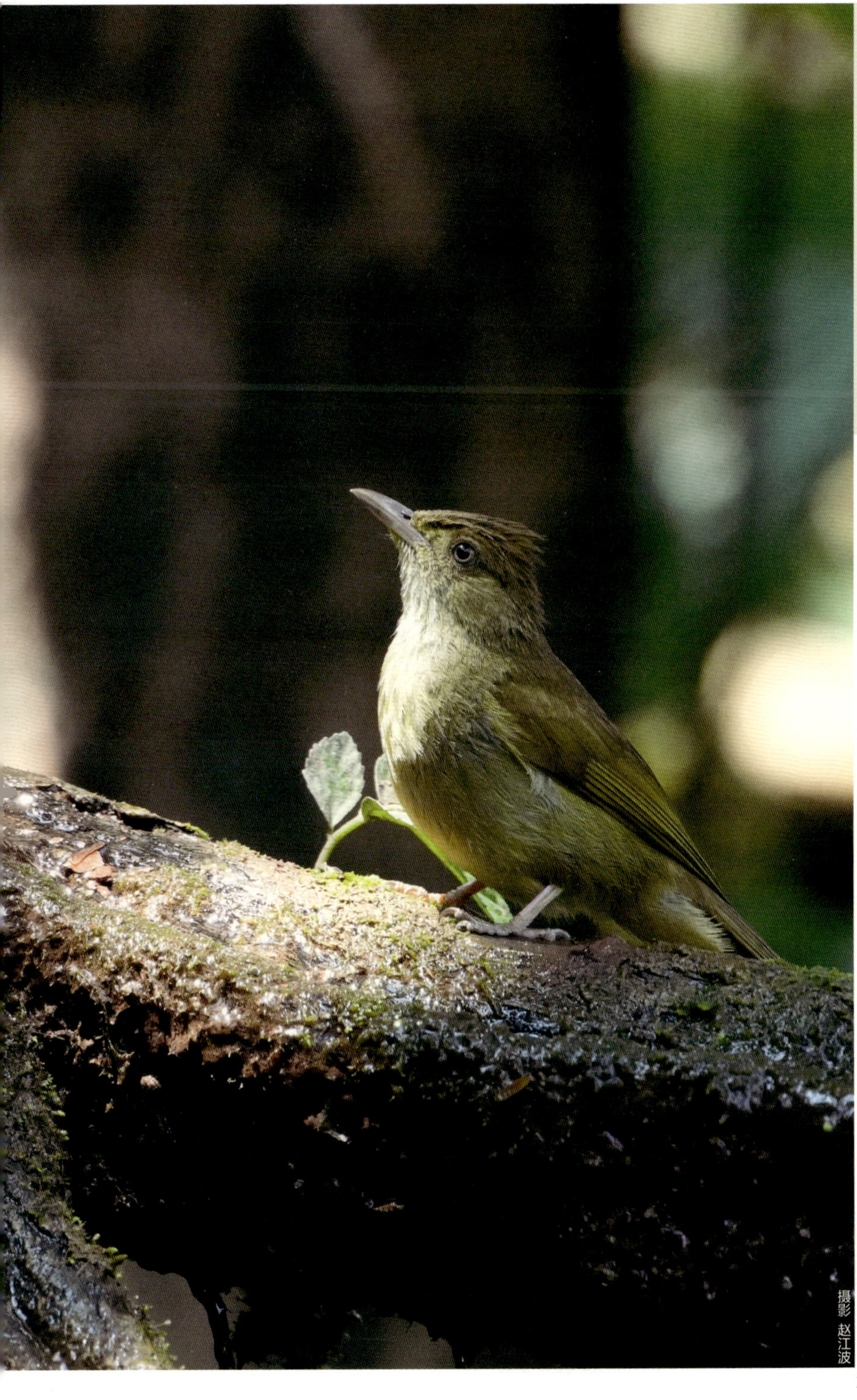

摄影 赵江波

62 灰喉沙燕

LC *Riparia chinensis* | Grey-throated Martin

　　在版纳植物园的上空经常可以看到集体飞行的"燕子",它们其实可以细分为棕雨燕、小白腰雨燕、家燕、斑腰燕和灰喉沙燕等不同物种,其中灰喉沙燕更偏好有河流的开阔生境。

　　缺少家燕的修长尾羽使得灰喉沙燕的体型略显紧凑,但这似乎并没有对它们高超的飞行技巧造成影响。灰喉沙燕在河面上成群飞行,相互穿梭,看到这种场景会让人担心"空中交通事故"。灰喉沙燕喜欢捕食河面上飞行的双翅目昆虫,尤其是刚刚从稚虫阶段羽化的飞行能力较弱的初期成虫。除捕食之外,灰喉沙燕的繁殖过程也与河流密切相关,它们会在较垂直的沙质河岸内营洞穴巢,而垂直的河岸有利于躲避天敌的捕食。所以保留河流的原始面貌而非一味"硬化、美化"河岸,对包括灰喉沙燕在内的很多生物都非常重要。停栖时,它们会选择河面的电线和突出的树枝,这时候便有可能看到它们与家燕、斑腰燕等其他燕科"亲戚"组成的"燕子"大家庭了。

中国科学院西双版纳热带植物园 🐦 全园

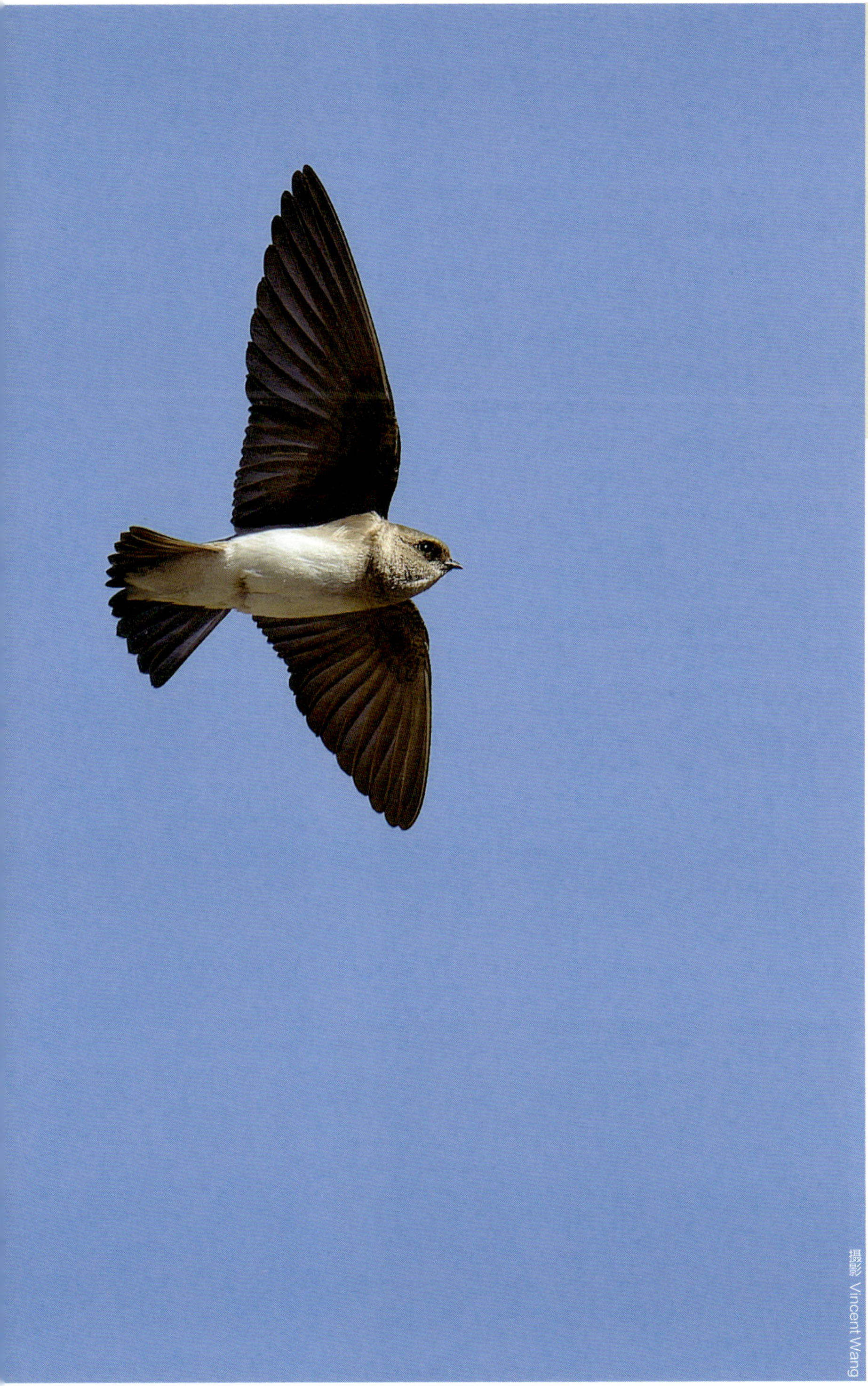

摄影 Vincent Wang

63 家燕

LC *Hirundo rustica* | Barn Swallow

"小燕子，穿花衣，年年春天来这里……"相信很多人看到这句歌词的时候都会不自觉地跟着哼唱起来，这里说的"小燕子"指的就是家燕。家燕的分布范围很广，几乎遍布全世界，它们在北半球繁殖，所以在我国大部分地区的居留情况为夏季繁殖鸟，这也是儿歌中"年年春天来这里"的原因。家燕喜欢在人造建筑内筑巢，因此与人类关系比较亲近。又因为家燕主要以昆虫为食，符合人类"益鸟"的判断依据。以上各原因使家燕在古代被赋予了如寄托相思之苦、表达惜春之情等诸多寓意，甚至在唐朝还扮演着类似于西方鹳类"送子鸟"的角色，所以它也成了人类记载最早的鸟类之一，经常在古代文学作品、绘画作品和艺术品中出现。

家燕在西双版纳地区为留鸟，但在版纳植物园内并不是随时都能见到，不过相信来版纳植物园观鸟的各位肯定不会把家燕作为目标鸟种。

中国科学院西双版纳热带植物园 🐦 全园

摄影 沈 越

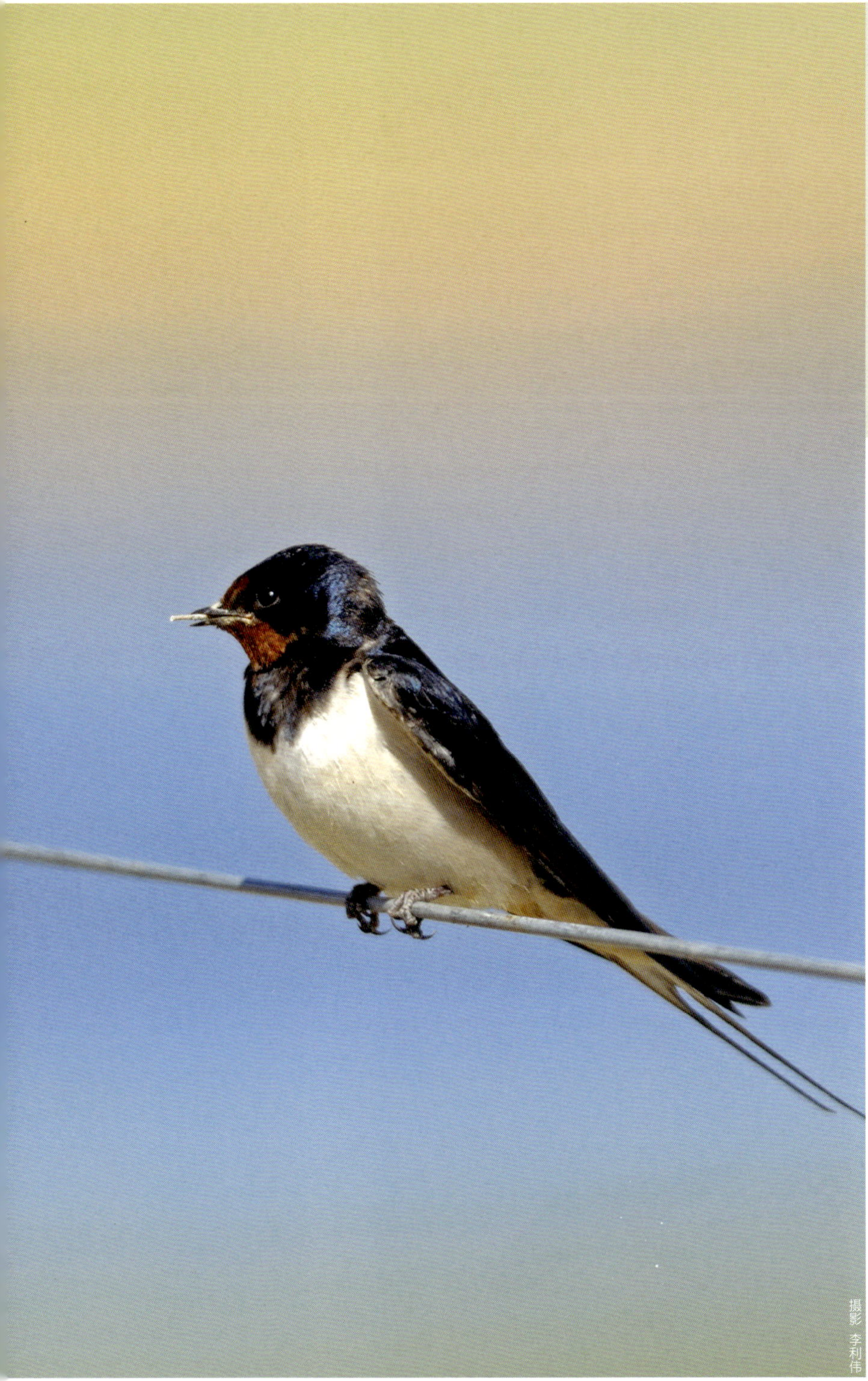
摄影 李利伟

64 斑腰燕

LC | *Cecropis striolata* | Striated Swallow

　　斑腰燕可不是我们熟悉的燕子（家燕），它在中国仅分布于台湾和云南部分地区，而在西双版纳极为常见，所以千万不要错过这个在版纳植物园唾手可得的"新种"的机会。斑腰燕与常见于中国大部分地区的金腰燕都具有深蓝色的上体和带黑色纵纹的白色下体，区别仅在于前者的纵纹更宽、更深，颈背和枕部的蓝色边缘完整，两侧脸颊不相连，因此两种鸟极易混淆，甚至有鸟类学家主张斑腰燕和金腰燕应该归属于一个物种。

　　版纳植物园的百花园是观察斑腰燕的好选择，但是如果你想把斑腰燕和金腰燕的区分细节看清楚的话，最好来曼安职工公寓吊桥，因为吊桥旁的电线上时常有几十只斑腰燕停歇。在版纳植物园创始人蔡希陶塑像附近的老办公楼屋檐下，也有斑腰燕的由泥团建造的、具管道状入口的杯形巢，在繁殖季节你可以"守巢待燕"。

中国科学院西双版纳热带植物园 🐦 百花园

摄影 赵江波

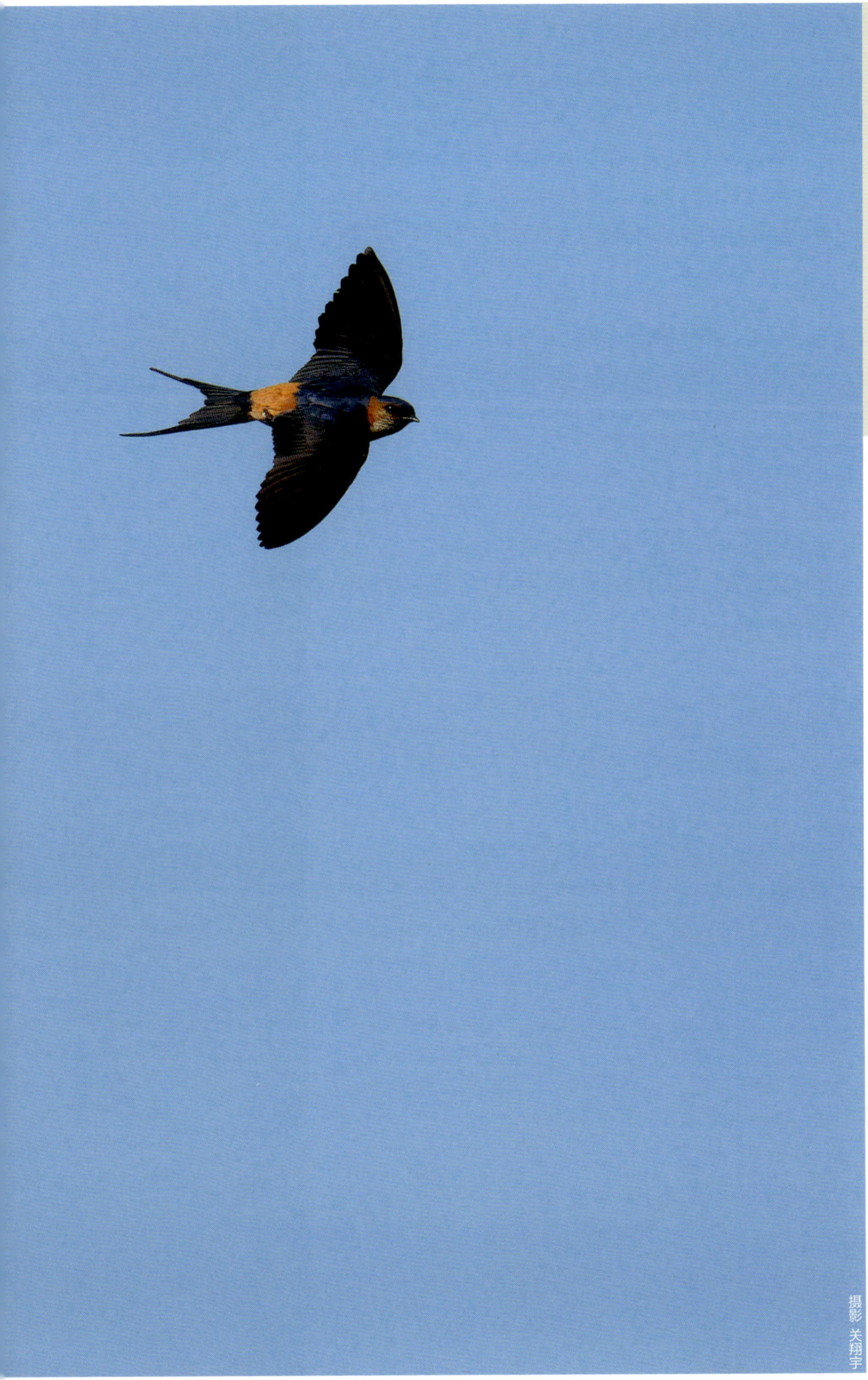

摄影 关翔宇

65 黄腹鹟莺

LC | *Abroscopus superciliaris* | Yellow-bellied Warbler

  莺类是让大部分观鸟爱好者比较头疼的一个类群，因为大部分莺类都外表暗淡、缺乏特征，仅凭外表难以辨识，甚至有的柳莺即使通过叫声也不易区分，需要通过分子手段才能鉴定到种。不过长相清秀的黄腹鹟莺为混乱莺类中的"一股清流"，尤其是它们腹部的黄色，给人以柔软温暖的感觉。黄腹鹟莺在版纳植物园的百竹园最为稳定，时常成小群为路过百竹园的人们献上优美动听的鸣声。

  黄腹鹟莺在国内的分布范围较狭窄，仅记录于云南与广西，相信来到版纳植物园的观鸟爱好者也愿意跟它们打个招呼吧。需要注意的是，黄腹鹟莺和黄腹柳莺的中文名比较容易混淆，而前者的英文名是 Yellow-bellied Warbler，后者为 Tickell's Leaf Warbler，不要傻傻分不清楚。

中国科学院西双版纳热带植物园 🐦 百竹园

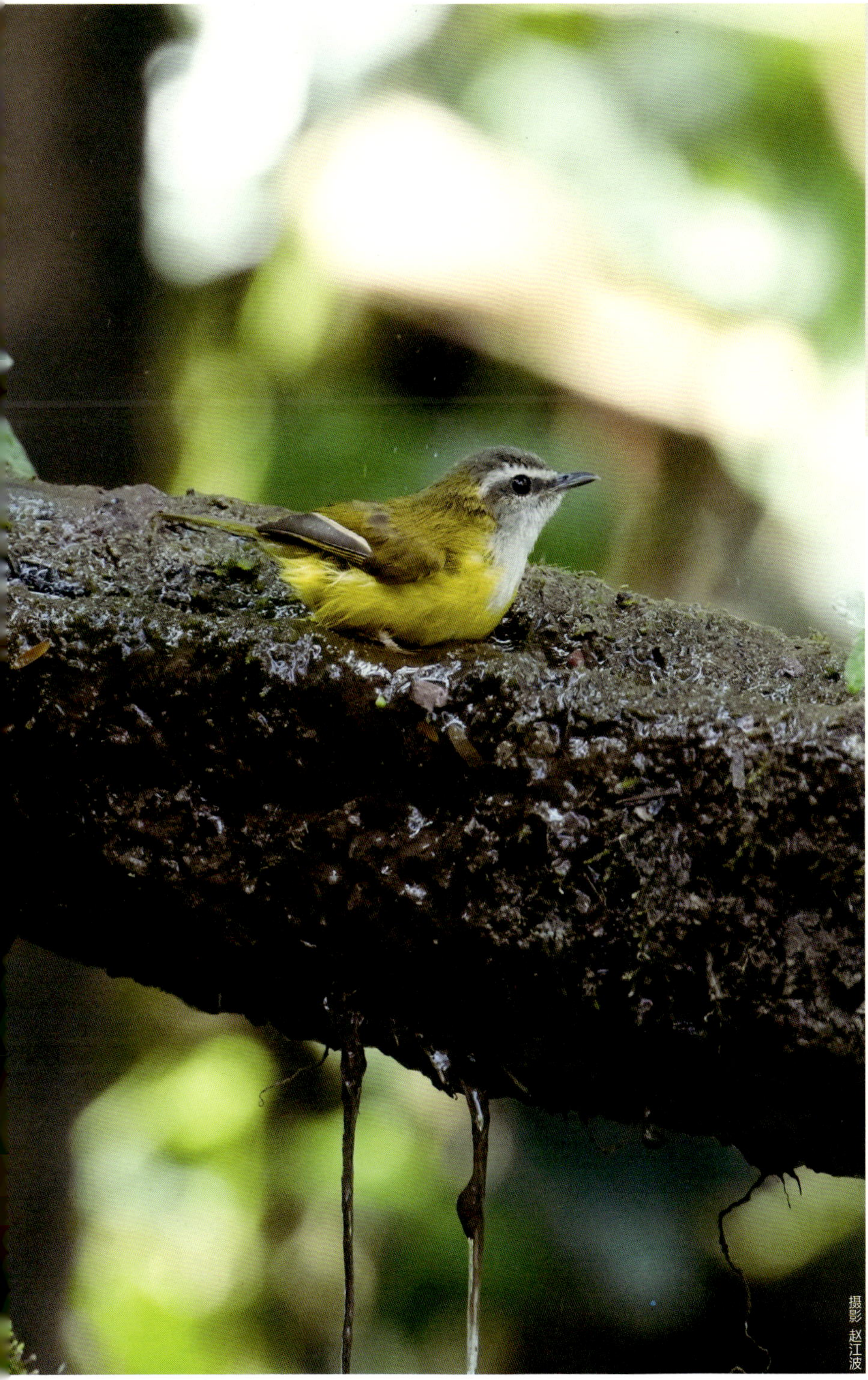

摄影 赵江波

66 鳞头树莺

LC　*Urosphena squameiceps* | Asian Stubtail

当全国的大部分地区都在经历严酷的寒冬时，版纳植物园依然繁花似锦、温暖舒适。如此怡人的气候，不仅吸引了大批来自北方的游客，也吸引了很多来此越冬的鸟，鳞头树莺就是其中一员。很难想象这只身型只有绣眼般大小的小鸟，能够跨越千山万水，飞到西双版纳来越冬。

鳞头树莺的相貌并不十分出众，这也许和它喜欢待在林下的枯枝落叶层觅食有关。那暗褐的体色和森林地面泥土的颜色非常相似，若不是它喜欢在地上跳来跳去，真的是难以发现。和其他很多树莺类似，鳞头树莺性格羞怯，总喜欢待在植被浓密、僻静的地方。热带雨林区的天南星园和绿石林保护区是它经常出没的地方，如果发现它，静静地观察一会儿，不要惊动它，说不定专心觅食的它会一直跳到离你很近的地方。

中国科学院西双版纳热带植物园 🐦 热带雨林区、绿石林保护区

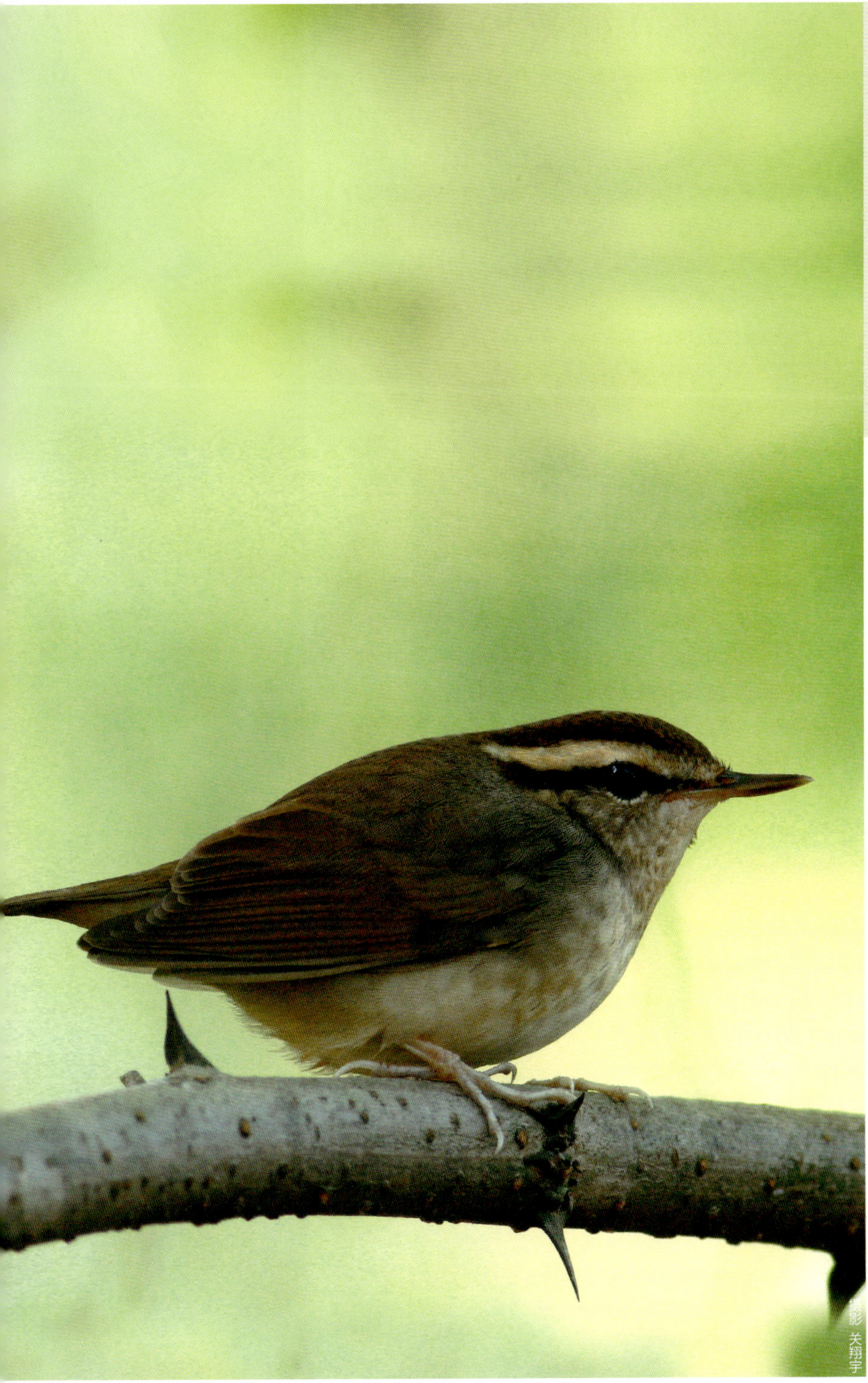

摄影 关翔宇

67 灰胸山鹪莺

LC | *Prinia hodgsonii* | Grey-breasted Prinia

在版纳植物园，很多体型娇小的鸟平时都把自己隐藏在茂密的树丛中，生怕被别人发现。但是有一种鸟却是例外，它经常站在孤立的树枝头，不辞辛劳地唱着如银铃般悦耳的歌声，这就是灰胸山鹪莺。

灰胸山鹪莺是版纳植物园最常见的鹪莺。它头部和胸部的青灰色在白色喉部的反衬下非常显眼；每根尾羽的边缘是黑白相间的，从长到短错落有致地排列着，呈现出非常美丽的花纹；最引人注目的是它鲜红色的虹膜，为原本娇小的它增添了几分锐气。

和纯色鹪莺、黄腹鹪莺等几种鹪莺类似，灰胸山鹪莺也喜爱开阔的生境，尤其是长满高草的旷野和弃耕的农田，更是它绝佳的栖息地。在浓密阴暗的热带雨林它一般是不会出现的。因此在版纳植物园，吊桥下的沙洲、西区的百花园、能源植物园和东区的野生食用植物园是它最喜欢出没的地方。因为它的存在及美妙的歌声，版纳植物园一年四季都是"自在娇莺恰恰啼"的美丽风景。

中国科学院西双版纳热带植物园 🦜 沙洲、百花园、能源植物园和野生食用植物园

摄影 肖克坚

68 长尾缝叶莺

LC   *Orthotomus sutorius* | Common Tailorbird

当你漫步在版纳植物园时，经常可以看见较为低矮的密密的树丛中总是有几个不安分的身影，它们的体型如柳莺般娇小，但更为纤细苗条。最有趣的是那几乎与身体等长的尾巴，总是高高地翘起。它们一刻不停地在树枝间跳跃着，好不容易看清了，才发现其羽色并非毫无特点：栗色的头顶，略带橄榄绿色的背部弥补了它不算很美的灰白色的腹部，这就是长尾缝叶莺。

顾名思义，这是一种会将叶子"缝"起来筑巢的小鸟，是西双版纳众多鸟类中除黄胸织布鸟外为数不多的"能工巧匠"。也许这种高明的营巢工艺提高了它们的繁殖效率，并增强了它们的适应能力，长尾缝叶莺竟能够在各种生境中很好地生存。因此无论是西区的各专类园，还是东区的热带雨林区和绿石林保护区，都非常容易发现它们那活泼的身影。

中国科学院西双版纳热带植物园 🐦 西区专类园、热带雨林区和绿石林保护区

136

摄影 肖克坚

69 黑喉缝叶莺

LC | *Orthotomus atrogularis* | Dark-necked Tailorbird

中国一共有 3 种缝叶莺，而版纳植物园就有 2 种。除了非常常见的长尾缝叶莺外，另一种就是略微少见的黑喉缝叶莺。无论是体形、大小还是长相，它都和长尾缝叶莺非常相似。尤其是在非繁殖季节，单从外貌将它们区分开还真有些困难，但总的来说前者的色调较深。不过到了繁殖季节，黑喉缝叶莺的喉部会变为非常浓重的黑色，极易辨认，这也是它名字的由来。

虽然长相相似，但是它们的鸣声却大相径庭。黑喉缝叶莺的鸣声非常有特点，就像是用小锤从低音到高音快速地划过木琴琴键时产生的音效。不过，它却比长尾缝叶莺羞涩得多，经常躲在深深的树丛中，只闻其声，不见其影。因此，较为开阔的生境是很难听见它那独特的鸣声的。东区的热带雨林区、绿石林保护区和西区植被较为繁茂的地方才有可能观察到它的身影。

中国科学院西双版纳热带植物园 🌿 热带雨林区、绿石林保护区

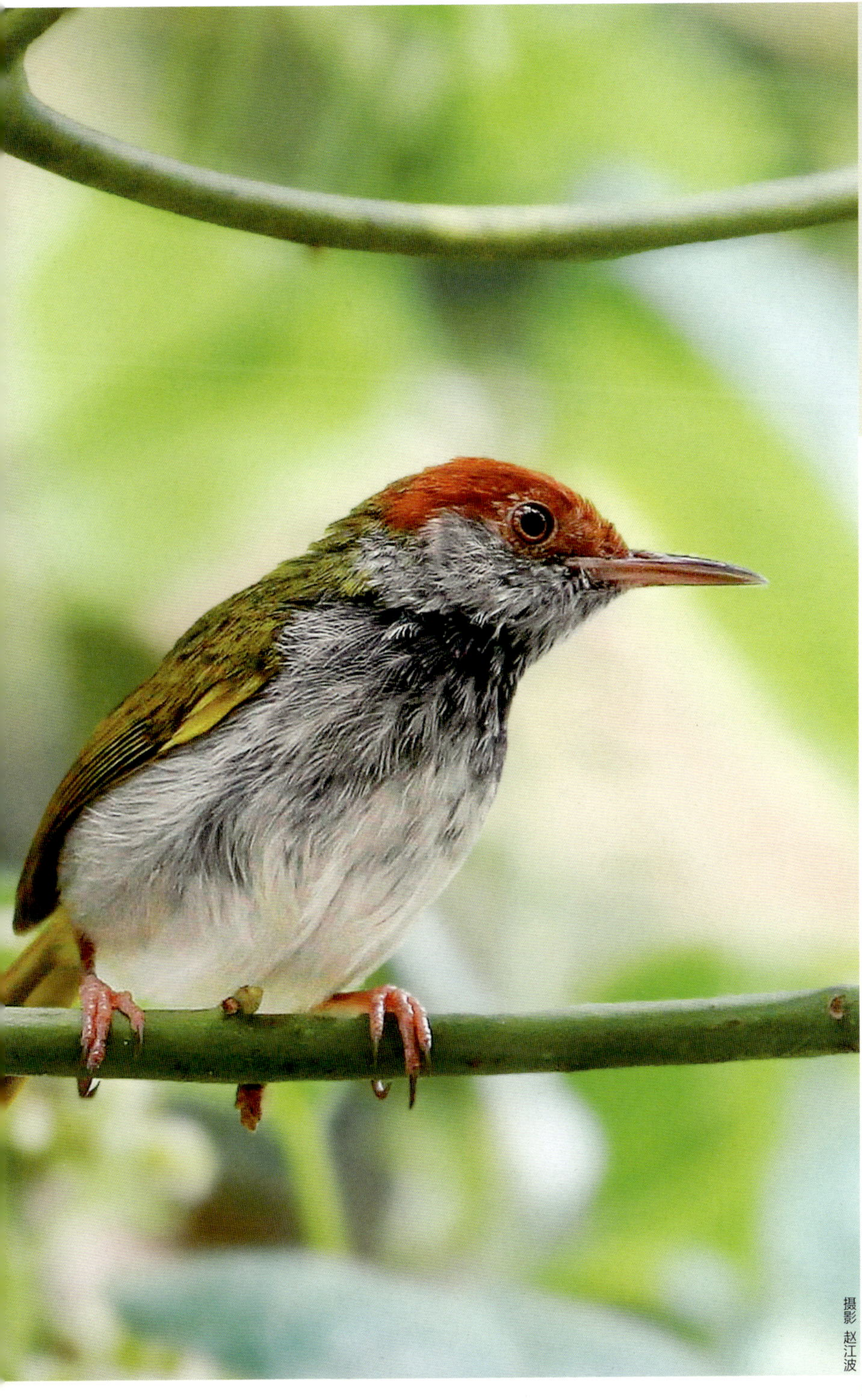

摄影 赵江波

70 纹胸鹛

LC | *Mixornis gularis* | Pin-striped Tit-Babbler

　　行走在版纳植物园植被较为茂密的区域，经常可以看到密密的树丛中有一阵阵连续的骚动。制造这动静的鸟不大不小，不似长尾缝叶莺、灰腹绣眼那样微小，也不似鹎类那么张扬。仔细一看，它的体型有麻雀般大小，但是较为短粗，头顶有些淡淡的栗色，整个喉部到尾部的下体呈淡淡的草黄色，胸部还点缀着淡淡的纵纹。它叫声多变，时而悦耳，时而是几声没什么特点的"咔咔"声，这就是纹胸鹛。很多鸟友在第一次看清这种鸟时往往会发出淡淡地一笑：原来这鹛一点儿也不"巨"啊！

　　纹胸鹛是版纳植物园最常见的鸟之一。但是这种鸟的性格较为羞涩，喜欢藏在密密的林下植被中，所以西区较为开阔的生境它是不喜欢的。如果你去东区的热带雨林区和绿石林保护区，一定能看到它们结成小群在林下密密的树丛和藤条间跳跃觅食。但是想要将它们看清楚，的确还是需要费一番工夫的。

中国科学院西双版纳热带植物园 🐦 热带雨林区、绿石林保护区

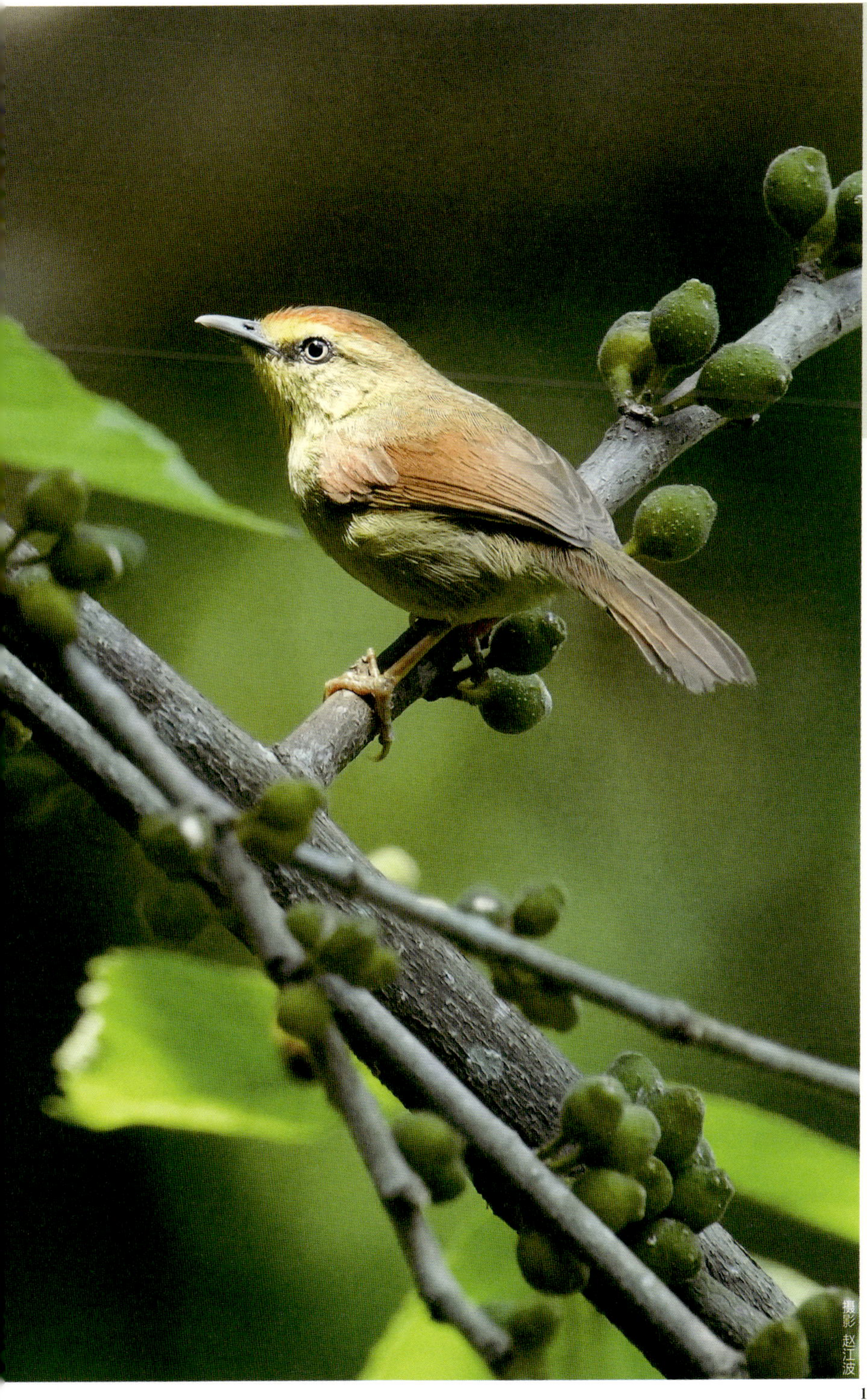

摄影 赵江波

71 红顶鹛

LC | *Timalia pileata* | Chestnut-capped Babbler

版纳植物园的吊桥下有一片很大的沙洲，由于雨季的洪水有时会将其淹没，很少有树木生长于此，因此大片的芦苇、禾草等耐水淹的植物占据了这片沙洲的大面积区域。除了灰胸山鹪莺、黄腹鹪莺、纯色鹪莺等喜爱河漫滩湿地的鸟类生活在这里外，红顶鹛也栖息在这里，是这里最美丽的常住者。

虽然浅褐色的背部使它显得很"土"，但是，头顶的棕红色和胸部纯白的搭配相得益彰，弥补了其他部位色彩的不足。和其他鹛类一样，它们的喙像镰刀一样又弯又尖，叫声也悦耳动听。虽然我们一直都知道它们就藏在沙洲的苇丛中，但是性格羞涩的它们不会轻易露面，所以想看清楚这种美丽的小鸟确实需要一点儿运气。夏季的时候，连续几日的强降水使得罗梭江水位暴涨，洪水淹没了沙洲，这时红顶鹛们才被迫转移到吊桥附近的树枝上，将自己的芳容完全暴露在滔滔洪流之上。不过这毕竟是短暂的，洪水退去，它们立刻又重新回到沙洲上繁衍生息。

中国科学院西双版纳热带植物园 🌀 吊桥、沙洲

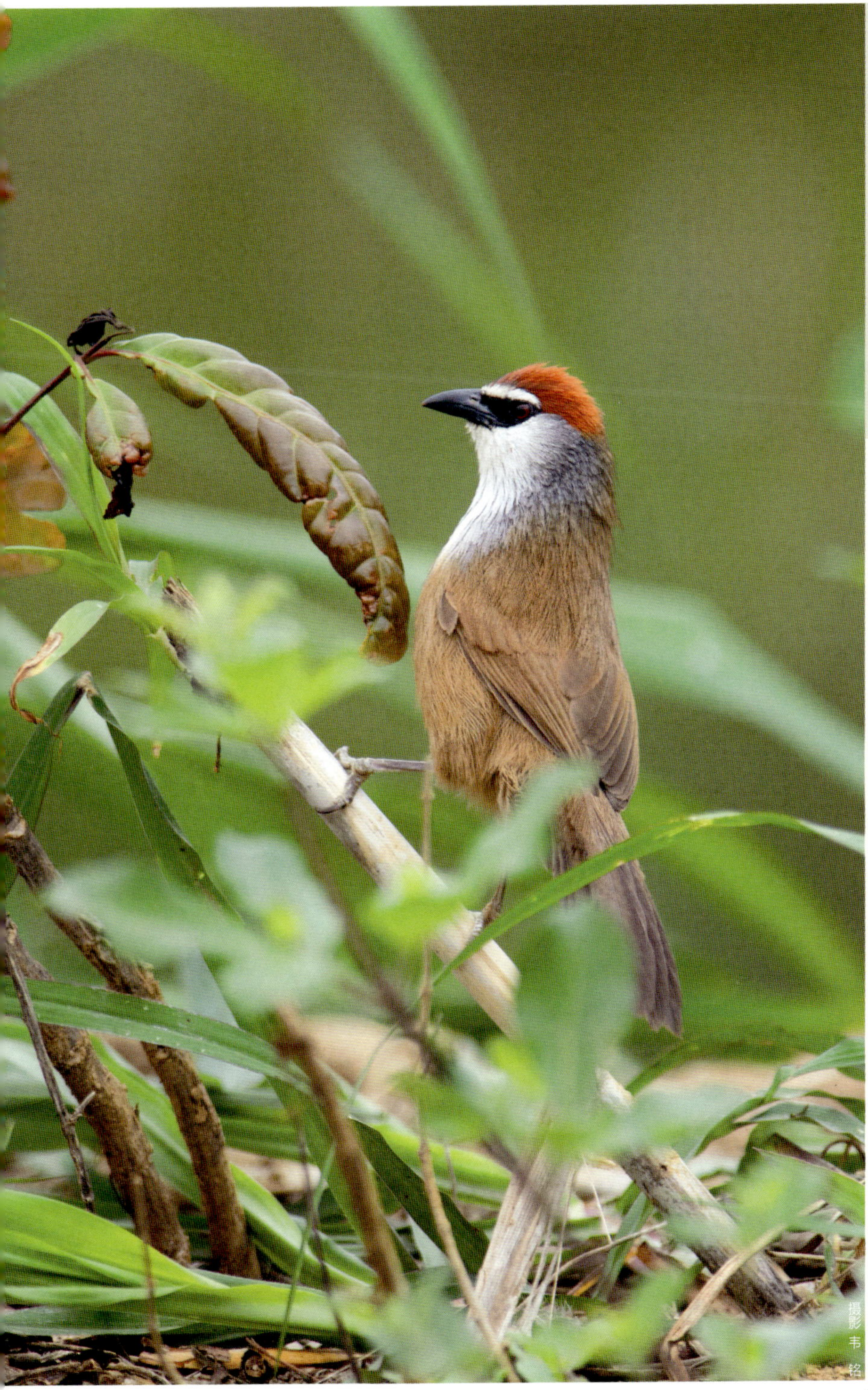
摄影 韦铭

72 褐脸雀鹛

LC | *Alcippe poioicephala* | Brown-cheeked Fulvetta

西双版纳的低海拔地区分布着两种较为常见的雀鹛，即褐脸雀鹛和灰眶雀鹛，而在版纳植物园，最为常见的是前者。褐脸雀鹛的体型相对较小，颜色也较为暗淡，这也许跟它们经常栖息在热带雨林间幽暗的环境有关。它们经常成小群活动，和其他小型雀类组成鸟浪，叽叽喳喳飞到你面前蹿个不停，若无其事地觅食。有时，它们也停在较高处的枝头，发出响亮、悦耳的鸣叫。

褐脸雀鹛是典型的栖息在保存较好的热带雨林群落中层的鸟类，因此在版纳植物园，只有在东区的热带雨林区才能观察到它们的活动。西区各专类园较为开阔的生境和人声嘈杂的地方是不适合它们生存的。不过不要着急，它们一年四季都栖居在热带雨林。如果你在热带雨林区仔细寻找，一定能看到它们在密密的树丛间制造骚动的身影。

中国科学院西双版纳热带植物园 🐦 热带雨林区

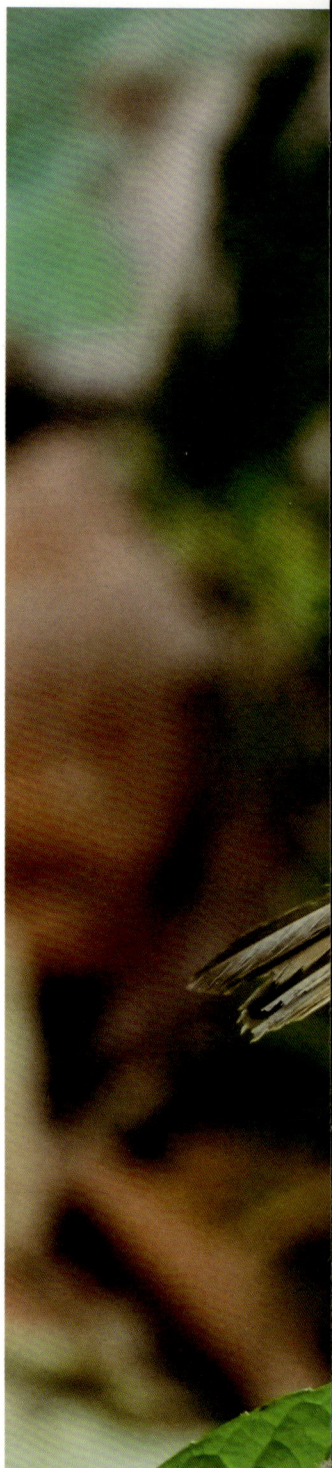

摄影 赵江波

73 灰岩鹩鹛

LC | *Gypsophila annamensis* | Annam Limestone Babbler

　　灰岩鹩鹛目前在中国的绝大多数记录都是在版纳植物园的绿石林保护区。从名字就可以看出，这是一种喜欢在石灰岩山地栖息的鸟类。这种鸟喜欢集群生活，在石灰岩山上蹦来蹦去，颜色黑不溜秋，被鸟友戏称像"老鼠"，加上热带雨林的下层阴暗郁闭，想看清楚并不容易，拍到清晰的照片更是难得。

　　虽然罕见，但它也明显缺乏其他版纳植物园明星鸟类的气质，不仅外表普通，并且看一次还需要爬山，所以只能吸引那些对鸟类很痴迷的人前往觅其芳踪。但好消息是，灰岩鹩鹛的叫声很嘈杂，在雨林中别具一格，一旦你去了绿石林景区并且愿意等候，发现它们的概率极大。怎么样，有足够的耐心去等候吗？

中国科学院西双版纳热带植物园 🦜 绿石林保护区

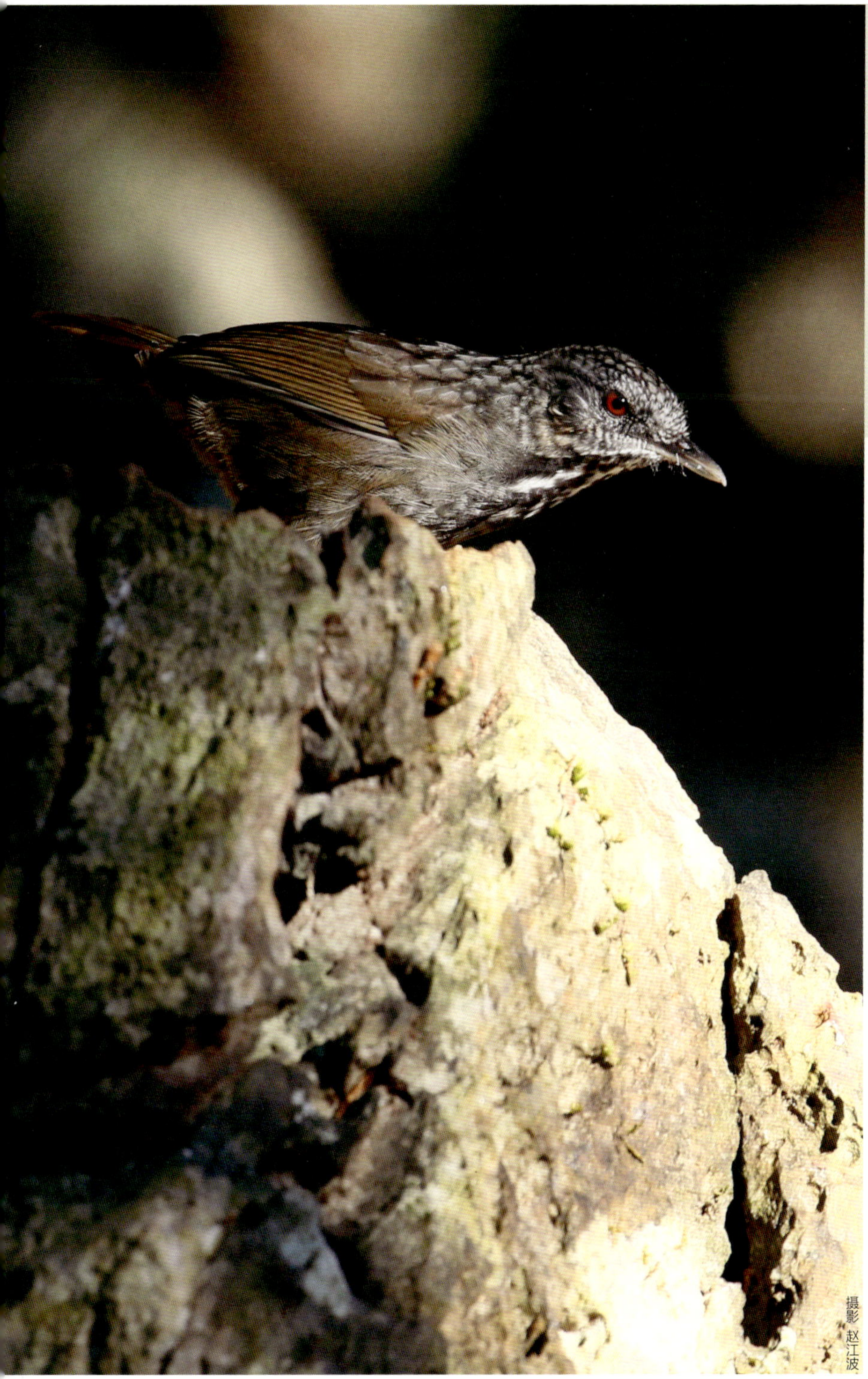
摄影 赵江波

74 棕头幽鹛

LC | *Pellorneum ruficeps* | Puff-throated Babbler

凡是在版纳植物园生活过一段时间的人，肯定都听到过一种3声为一个循环的清脆委婉的哨声，这种叫声往往持续数小时，只是大多数人并不知道这种辨识度极高的叫声来自棕头幽鹛。棕头幽鹛在野生食用植物园、生态站和热带雨林区等地比较稳定，属于版纳植物园最常被听到鸣声的鸟种之一。棕头幽鹛适应地面活动而飞行能力较弱，它们通常结成小群在林下地面翻找枯枝落叶中的昆虫并以此为食。

棕头幽鹛的上体以棕色和栗色为主，这种配色可以很好地帮助它们融入阴暗的林下环境而极难被捕食者发现，当然这对观鸟者来说也是一个挑战。但是觅食时的棕头幽鹛非常专注，甚至经常从观鸟者的脚边经过，前提是你有足够的耐心等待。在鸣叫的时候，它们喉部的白色羽毛会随之蓬松，这也是它们英文名的由来。

中国科学院西双版纳热带植物园 🐦 野生食用植物园、生态站和热带雨林区

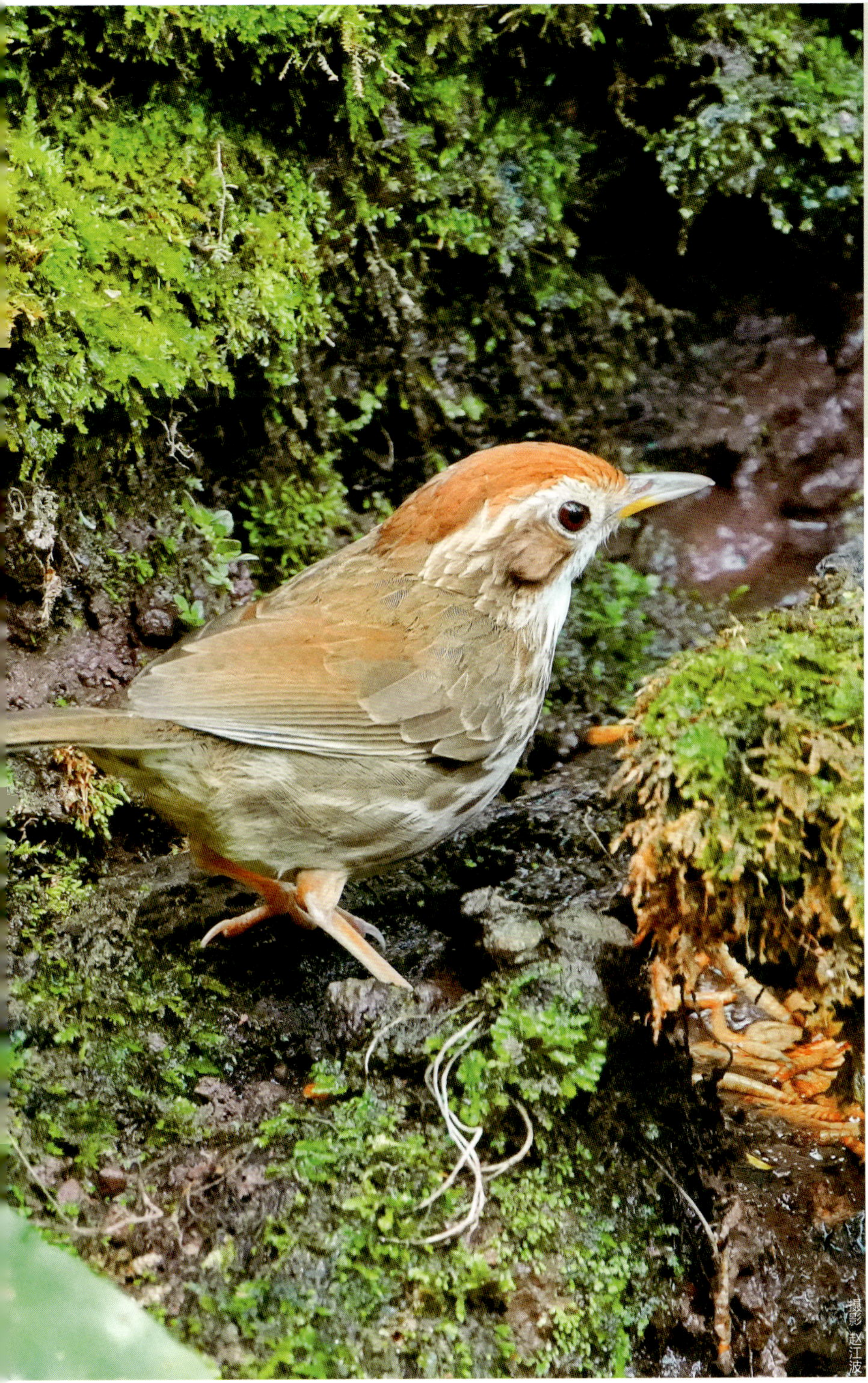

摄影 赵江波

75 棕胸雅鹛

LC | *Pellorneum tickelli* | Buff-breasted Babbler

　　棕胸雅鹛仅仅 14 厘米长的小身体，浅褐色的总色调，接近于白色的胸部淡淡地点缀着纵纹，这种主要分布于东南亚热带的鸟类在外形上实在是其貌不扬，和热带地区纷繁的色彩极不相称。但是在中国，它的分布区非常狭窄，仅分布于云南南部和西南部的热带地区，因此，版纳植物园成了不少鸟友来寻找这种鸟的最佳地点。

　　棕胸雅鹛在版纳植物园并不难见，尤其在每年的雨季比较容易看到。由于它比较偏好保存较为完好的热带雨林且通常藏在较为低矮、茂密的林下灌丛深处，因此想要寻找它，最好去东区的热带雨林区和绿石林保护区。在那里，很容易听到它如同雏鸡一般带着降调的一声声响亮的鸣叫，但也经常是只闻其声，不见其影。不过不同于极度羞涩的蓝枕八色鸫，如果你想要仔细欣赏它那隐秘的身姿，只要沉得住气，耐心等待，说不定它就在不经意间跳到了离你很近的树枝上让你一饱眼福！

中国科学院西双版纳热带植物园 🌀 热带雨林区、绿石林保护区

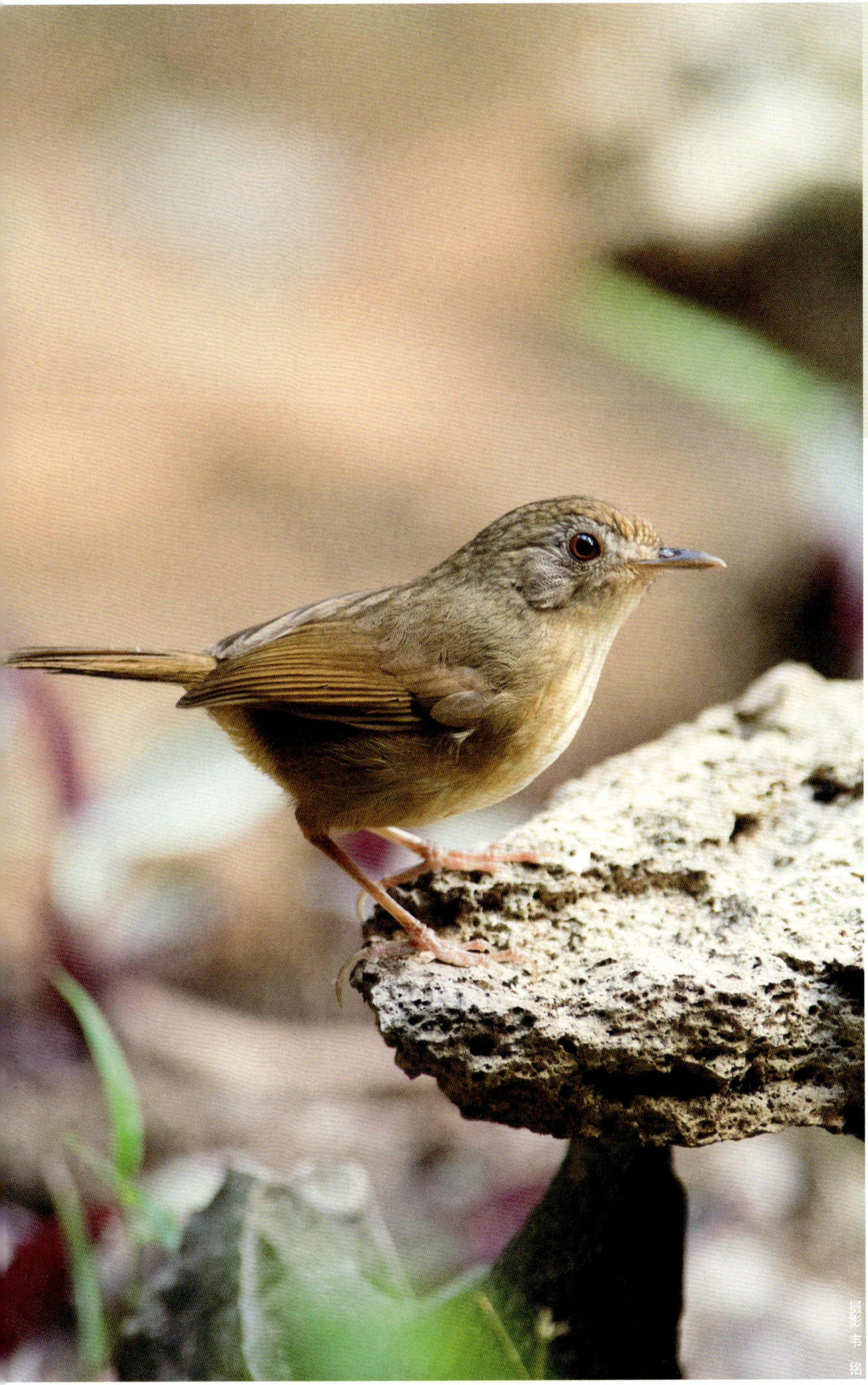
摄影 韦铭

76 灰腹绣眼鸟

LC *Zosterops palpebrosus* | Indian White-eye

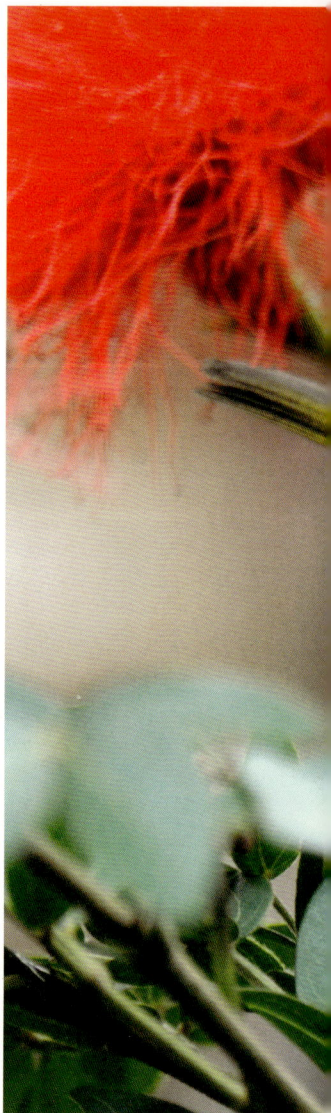

　　漫步在版纳植物园，时常可以看到一群群个头袖珍的黄绿色的鸟儿在枝叶间跳跃并发出嘈杂的叫声。它们的食谱很广，昆虫、花蜜和果实都是它们的美食。它们可能是暗绿绣眼鸟，也可能是灰腹绣眼鸟，但是如果你追问这两种鸟的区别，那可就尴尬了，因为即使是观鸟多年的高手也不一定能准确分辨它们。尽管大部分鸟友都会说"灰腹绣眼鸟腹中央有一条黄色纵纹""暗绿绣眼鸟上体暗绿，前额黄色"等，但是你在实践中会发现这些辨识方法并不十分可靠。因为并不是所有灰腹绣眼鸟的腹部都有黄色纵纹，同样，也不是所有暗绿绣眼鸟的前额都发黄，况且它们经常访问花朵，黄色的花粉经常粘在它们身上，这为野外观察鉴定增加了难度。

　　算了，我们还是抛开这些，把心思放在欣赏鸟类的优美身姿和婉转叫声上吧！

中国科学院西双版纳热带植物园 全园

暗绿绣眼鸟

有鸟高飞——中国科学院西双版纳热带植物园·鸟类图谱

摄影 肖克坚

153

77 灰头椋鸟

LC *Sturnia malabarica* | Chestnut-tailed Starling

版纳植物园共记录了4种椋鸟，它们的出现都不稳定，但跟国内仅有几笔记录的黑冠椋鸟相比，灰头椋鸟可以说是相对常见了。喜欢成群活动的灰头椋鸟比较引人注目，尤其是飞行时鸟群通过迅速改变方向形成的不同造型更令人惊叹。灰头椋鸟与其他椋鸟一样属杂食性，主要以昆虫为食，昆虫匮乏的季节则取食植物果实、种子与花蜜。如果你运气够好，可以在冬季处于盛花期的木棉树上看到成群的灰头椋鸟在鲜红色的木棉花旁取食花蜜，在西双版纳湛蓝天空衬托下形成一幅颜色对比鲜明的画面，这正是鸟类摄影爱好者梦寐以求的花鸟图呀！

灰头椋鸟在国内的记录绝大多数来自云南省，所以来了版纳植物园还是去百花园碰碰运气吧！

中国科学院西双版纳热带植物园 🌀 百花园

78 黑胸鸫

LC | *Turdus dissimilis* | Black-breasted Thrush

鸫类是典型的性二型鸟类，即雄鸟和雌鸟有明显的区别，而且雌鸟体色往往比较暗淡，因此鸫类一般是根据雄鸟的特征来命名的。黑胸鸫成年雄鸟上体暗淡但下体鲜艳，头部和胸部为黑色，背部为深灰色，下胸和两胁为橙色，腹部中央和尾部为白色。黑胸鸫生性胆怯且善于隐蔽，所以常常听到它们婉转圆润的叫声而难见其身影。它们偏好在林下地面或灌丛间搜寻昆虫和软体动物，偶尔也会取食浆果。

总的来说，黑胸鸫在版纳植物园并不常见，可能与它们偏好更高的海拔有关。东区的热带雨林区是它们经常出现的地方，偶尔也会光顾西区的树木园和棕榈园等地。黑胸鸫在国内的分布范围覆盖了云南大部分地区，在相邻的贵州和广西也有零星记录。

中国科学院西双版纳热带植物园 🦜 热带雨林区

摄影 沈越

79 鹊鸲

LC | *Copsychus saularis* | Oriental Magpie-Robin

如果要列举中国人认识的 10 种常见鸟，鹊鸲应该名列其中。这种在中国南方广泛分布的鸟，出没于村落和人家附近的园圃、栽培地带或树旁灌丛，也常见于城市庭园中，不惧人。清晨它常高高地站在树梢或房顶上鸣叫，鸣声婉转多变，悦耳动听。尤其是繁殖期间，雄鸟鸣叫更为激昂多变，其他季节早晚亦善鸣，常边鸣叫边跳跃。它还会模仿其他鸟类的叫声，比如棕背伯劳。休息时常展翅翘尾，有时将尾往上翘到背上。鹊鸲雌雄有差异，雄鸟呈黑白两色，头及胸部黑色，腹部白色，翅膀上有白色的条纹，尾巴两侧为白色，中间为黑色，极容易辨认；雌鸟则以灰色或褐色替代雄鸟的黑色部分。

版纳植物园的百花园为鹊鸲最常见的地方，往往雌雄成对出现，雄鸟在繁殖期常为争偶尔在鸡蛋花树下追逐格斗。

中国科学院西双版纳热带植物园 🍃 百花园

80 白腰鹊鸲

LC | *Copsychus malabaricus* | White-rumped Shama

　　白腰鹊鸲是中国西南地区的留鸟。版纳植物园的百竹园、树木园、南药园都能看到白腰鹊鸲的影子，当然最多的是在绿石林保护区和热带雨林区。白腰鹊鸲喜欢待在较密的林子里，并不容易见到。但是它又不是很怕人，即使惊飞了，也不会飞很远，反而更容易观察。白腰鹊鸲的雌雄有较大差异，雄鸟的胸腹部均呈鲜亮的橘黄色，头和背部亮黑色，腰部的白色飞起来很明显。雌鸟的橘黄色则淡了很多，头和背部是淡灰色。《中国鸟类野外手册》形容它的声音"饱满复杂又悦耳"。

　　作者最早看到白腰鹊鸲，是在一个东部城市的花鸟市场里，知道这种鸟来自云南，因为鸣唱的声音好听而身陷囹圄。然而当时那只鸟在笼子里蹦来蹦去，那种环境下当然无心鸣唱。现在每次走进雨林，听到密林深处悠扬婉转的叫声，基本就是白腰鹊鸲了，这才是它们真正愿意鸣唱之地。

中国科学院西双版纳热带植物园 🦜 百竹园、树木园、南药园、绿石林保护区、热带雨林区

摄影 沈越

摄影 赵江波

81 黑喉石䳭

LC | *Saxicola maurus* | Siberian Stonechat

　　如果你在冬日的版纳植物园百花园大草坪的旋转喷头上看到一只羽色由黑、白及赤褐色组成的麻雀大小的鸟儿，那十有八九是黑喉石䳭了。"石䳭"这个名字让人摸不着头脑，同样其英文名的含义也让人百思不得其解，但如果你听过它们如同两块鹅卵石碰击发出声音的叫声就会恍然大悟。黑喉石䳭喜欢农田、花园及次生灌丛等开阔生境，大部分时间栖息于突出的低树枝，时不时跃下地面捕食以昆虫为主的猎物。版纳植物园的黑喉石䳭每年冬天稳定出现，而且非常常见，它们像小燕子一样提醒着人们时间的飞逝，不同的是它们"年年冬天来这里"。

　　如果你在冬天到访版纳植物园，那么建议你去和它们打个招呼，说不定它们的繁殖地就在你的家乡呢。

中国科学院西双版纳热带植物园 🌿 百花园

162

82 红喉姬鹟

LC | *Ficedula albicilla* | Taiga Flycatcher

红喉姬鹟是版纳植物园里的冬候鸟，每年冬天总会有那么几只如约而至，它们不远千里从比东北更北的地方甚至西伯利亚穿过几乎整个中国来到位于中国大陆南端的版纳植物园。因为它们是版纳植物园的冬候鸟，这也是在这里见到的大部分红喉姬鹟都没有红喉的原因，不过从有些繁殖羽没有完全褪去的个体可以看到其喉部淡淡的橘红色。

在百花园等开阔的片区观察到红喉姬鹟的概率较大，它们经常在低矮的灌木上停歇，停歇时呈现鹟类典型的姿势：双翅以向下的角度贴于腹部两侧而不是收拢于背部，尾部并不与身体呈直线，而是以较大的角度稍向上弯曲。披上冬羽的红喉姬鹟浑身以棕灰色为主，尾羽基部两侧为白色，在飞行时非常明显。

中国科学院西双版纳热带植物园 🐾 百花园

摄影 李利伟

83 铜蓝鹟

LC | *Eumyias thalassinus* | Verditer Flycatcher

　　有些鸟类名字中带有"金""银""铜"等金属字眼，这大多与其羽色有关，铜蓝鹟也不例外，而"铜蓝"指的是硫酸铜的蓝色。铜蓝鹟拥有令人印象深刻的羽色，除了具有白色鳞纹的尾下覆羽和黑色眼先外，鲜艳的铜蓝色贯穿全身。相对雄鸟而言，雌鸟的体色略显暗淡。与红色和黄色不同的是，鸟类羽毛的蓝色、绿色和彩虹色主要是结构色，即羽毛的显微结构通过反射、干涉、散射自然光形成的颜色。铜蓝鹟是较为容易见到的鹟类，它们喜爱林缘或开阔地带且经常站在无遮挡的树顶或者电线上。

　　鸟类往往因为长得好看或者叫声好听而被囚禁于鸟笼中，具有动听鸣声和高颜值的铜蓝鹟亦经常被捕捉并运输到花鸟市场上贩卖。我们鼓励更多的人能够通过观鸟活动欣赏野生鸟类的自然之美。

中国科学院西双版纳热带植物园　🐦 林缘或开阔地带

摄影 万绍平

84　山蓝仙鹟

LC　*Cyornis whitei* | Hill Blue Flycatcher

　　行走在版纳植物园的百竹园，经常可以听到来自鸟儿的甜美叫声，因为百竹园居住着三大"歌唱家"：白腰鹊鸲、山蓝仙鹟和黄腹鹟莺。由于鸟类往往体型越小其叫声越尖锐，所以根据这个规律也可以区分这3种鸟儿的叫声：体型中等的山蓝仙鹟比白腰鹊鸲的叫声尖锐，但比黄腹鹟莺又稍显逊色。除了百竹园之外，山蓝仙鹟还会在热带雨林区和树木园等地出现，只是更多时候仅能听到它们甜美悦耳的叫声，若想好好欣赏它们的容貌那就需要费一番工夫在树枝灌丛间寻找了。

　　山蓝仙鹟与蓝喉仙鹟配色相同，较难区分，它们的主要区别在于蓝喉仙鹟胸部的橘黄色与腹部的白色分界明显，而山蓝仙鹟则无明显分界，胸部的橘黄色向腹部方向逐渐变淡。

中国科学院西双版纳热带植物园　🦜 百竹园、热带雨林区和树木园

摄影 关翔宇

摄影 李利伟

85 蓝翅叶鹎

LC | *Chloropsis cochinchinensis* | Blue-winged Leafbird

西双版纳的热带雨林，所有的色彩都透着鲜亮与明快。生活在这里的鸟也不例外，蓝翅叶鹎就是其中之一。当第一次在雨林中见到这种美丽的小鸟时，无人不被它美丽的羽色所折服：通体亮绿色的基底上，雄鸟头部的金黄顺着颈部向下延伸，渐渐消失在了翠绿的背部和胸部；翅膀和尾部的亮蓝色也渐渐融进了亮绿的底色。每种颜色间的渐变与衔接都是那么自然，那么和谐！

蓝翅叶鹎虽然名字里有个"鹎"字，但是它其实属于叶鹎科，跟红耳鹎等真正的鹎类没有一点儿关系。

在中国，蓝翅叶鹎主要分布在云南南部和西南部的热带地区，而且比较依赖天然的热带植被和高大的乔木，因此在版纳植物园，东区的热带雨林区是观察它们的最好地方。在视野较为开阔的西区，它们则很少出现。如果你在版纳植物园观鸟时看见茂密的树丛中有一小群鲜绿色的比麻雀体型稍大的小鸟在跃动着，基本上就是它们了。

中国科学院西双版纳热带植物园 🐦 热带雨林区

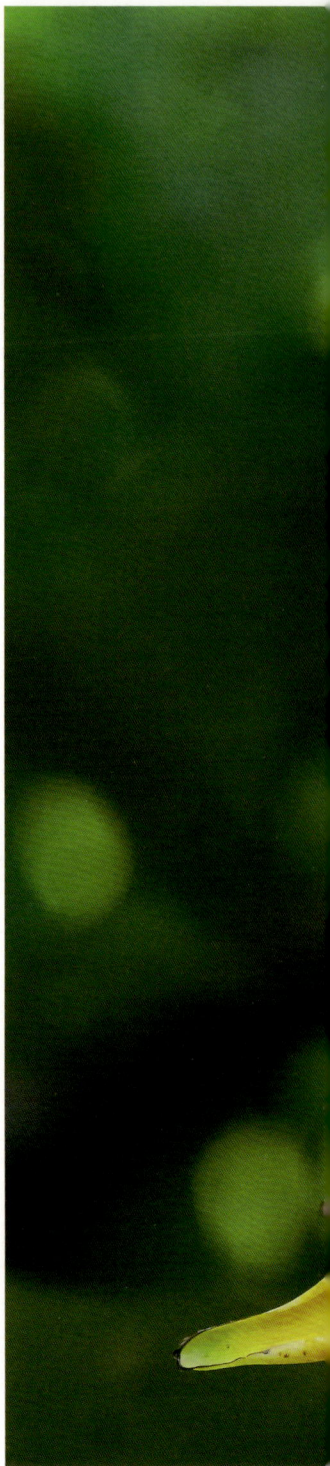

摄影 赵江波

86 厚嘴啄花鸟

LC | *Dicaeum agile* | Thick-billed Flowerpecker

在中国有分布的所有啄花鸟中，厚嘴啄花鸟可以说是最难见到的。它的外貌比起啄花鸟家族中其他的成员的确有些其貌不扬——浅灰色的背部实在没什么特点，污白色的胸前淡淡布着几道纵纹，只有喙部的"厚嘴"名副其实。但是由于在国内狭窄的分布和罕见程度，它无疑成为版纳植物园的"明星"啄花鸟。

想要在版纳植物园看到厚嘴啄花鸟，的确需要很好的运气，但也不是毫无规律可循。如果你看到学生公寓门口或是百香园入口处的雅榕开始大量结果的季节，去那里多守一会儿，说不定就能看见不止一只厚嘴啄花鸟和其他种类的啄花鸟聚在一起享用甜美的榕果。但是雅榕的果期结束后，它们都去了哪里，尚未有人知道。

中国科学院西双版纳热带植物园 🦜 百香园

有鸟高飞——中国科学院西双版纳热带植物园·鸟类图谱

摄影 顾伯健

173

87 黄臀啄花鸟

LC | *Dicaeum chrysorrheum* | Yellow-vented Flowerpecker

　　黄臀啄花鸟在中国鸟友熟悉的《中国鸟类野外手册》里叫"黄肛啄花鸟"，根据《中国鸟类分类与分布名录（第四版）》，我们做了修订。中文鸟名里还有一个被类似冠名的是黄臀鹎。顾名思义，这些鸟的屁股是黄色的。尽管黄臀啄花鸟在版纳植物园里普遍分布，但由于体型较小、飞行速度快，并不易见。

　　版纳植物园老研究生公寓门口的雅榕是观察它们最方便的地点。一旦有雅榕结果，则很容易可以看到它们和其他的啄花鸟、蓝喉拟啄木鸟等混在一起吃榕果。黄臀啄花鸟和其他的啄花鸟体型相差不大，大约有9厘米长，除了明显的黄色屁股外，上体呈橄榄绿色，下体为白色并夹杂有浓密的黑色竖形斑纹，因此不难把它们从其他啄花鸟中区别开来。

中国科学院西双版纳热带植物园 🐦 藤本园

有鸟高飞——中国科学院西双版纳热带植物园·鸟类图谱

摄影 顾伯健

88 纯色啄花鸟

LC | *Dicaeum minullum* | Plain Flowerpecker

纯色啄花鸟也许是中国最小的鸟（世界上最小的鸟是吸蜜蜂鸟），根据个体的不同，有 7～9 厘米长。除了小，这种鸟外形上几乎没有什么明显特征，它的背部呈橄榄绿色，胸前为浅灰色。但它的声音非常独特，经常连续发出"哒、哒、哒"或者"吱、吱、吱"的叫声。

此外，纯色啄花鸟非常喜欢吃寄生植物的果实，和这种植物的关系是典型的种子传播案例。因为寄生植物成熟的果实具有黏性，消化不了的种子会随着粪便被排出来，纯色啄花鸟就需要把屁股在树枝上蹭来蹭去，这时候，寄生植物的种子就顺势粘在了树枝上，进而发芽长大；反过来，它又可以成为纯色啄花鸟的食物来源。因此，纯色啄花鸟在版纳植物园的分布非常广泛，连一向物种单调的橡胶林里都能看到它们娇小的身影。

中国科学院西双版纳热带植物园 🐦 全园

摄影 肖克坚

89 朱背啄花鸟

LC | *Dicaeum cruentatum* | Scarlet-backed Flowerpecker

　　一旦你能看清楚朱背啄花鸟，绝对会被震撼到：世界上还有这么美丽的小鸟！那一抹鲜红在绿色的植物世界里是如此耀眼，仿佛划过热带雨林的一道闪电。仔细端详，你会发现那种鲜红来自朱背啄花鸟的头顶、背部和腰，而它的两翼、头侧和尾端则呈黑色，喉部及胸前为白色。但这是雄鸟才有的样子，和世界上大多数鸟一样，朱背啄花鸟的雌鸟和雄鸟比起来就低调了许多。雌鸟总体上是绿色，但腰部也有一片猩红色。

　　和纯色啄花鸟类似，朱背啄花鸟也是寄生植物重要的种子传播者。在南药园百草亭处，有一株寄生植物成为朱背啄花鸟固定拜访的地方。在百果园的路边，有一棵不起眼的文定果，果实成熟的时候，也常常会吸引朱背啄花鸟光顾。

中国科学院西双版纳热带植物园 🌀 百草亭、百果园

摄影 李利伟

90

LC | *Chalcoparia singalensis* | Ruby-cheeked Sunbird

紫颊太阳鸟

不用太多的描述，看看图片，就能大致领略它有多美丽！在阳光的折射下，雄鸟从头顶一直延伸到背部泛着金属光泽的宝石蓝十分炫目。相对于雄鸟华丽的羽衣，雌鸟的羽色就逊色很多，只是喉部带着和雄鸟相同的橘红色。它们通常雌雄成对活动，形影不离。

紫颊太阳鸟是版纳植物园相对较难见到的太阳鸟。不像褐喉食蜜鸟和黄腰太阳鸟有相对固定的领域，这种太阳鸟栖息的生境较为多样，无论是开阔的人工园林，还是热带雨林密密的树冠层，都能观察到它的踪迹。因此，它可能会在版纳植物园西区的南药园、百花园、百竹园、龙脑香园、名人名树园、东区的热带雨林区和绿石林保护区的任何一个地方不经意地出现在你面前。如此多样的生境选择也许和它复杂的食性有某种联系。笔者在百竹园曾观察到一只紫颊太阳鸟在不到 2 米外的竹子上专心地吃着蚂蚁卵。

中国科学院西双版纳热带植物园 🌀 全园

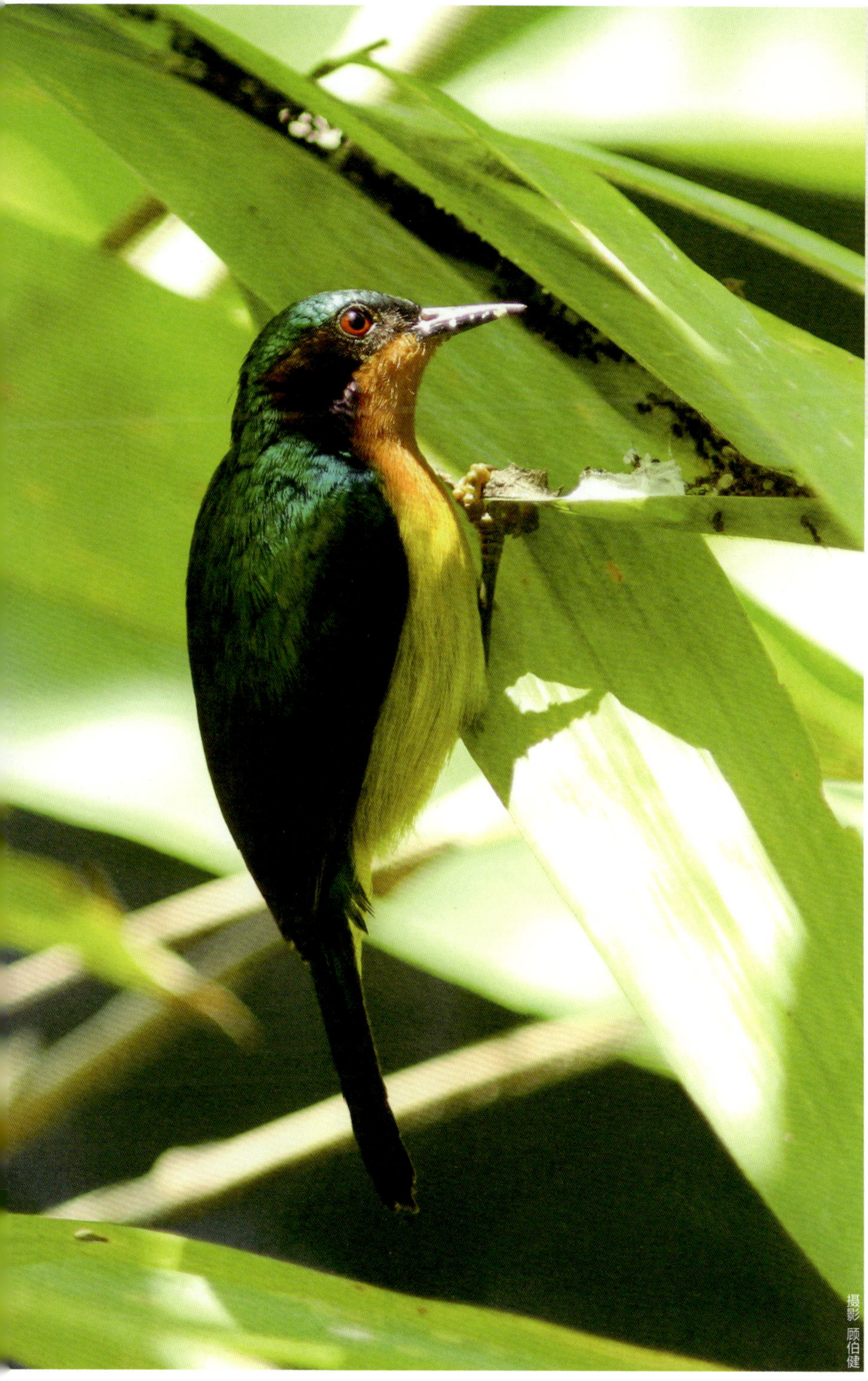

摄影 顾伯健

91 褐喉食蜜鸟

LC | *Anthreptes malacensis* | Brown-throated Sunbird

褐喉食蜜鸟是中国鸟类新记录，2009 年才第一次在西双版纳被发现，现在俨然已经成为版纳植物园的招牌鸟种，因为它具备成为"明星鸟"的几大特征，比如：雄鸟非常好看；不能经常被看到，但在适当的时候总会出现在你的视野里；喜欢和美丽的花在一起互相映衬。每年的 11 月开始到次年的 2 月，是这种鸟最容易被发现的时候。

它最喜欢的花是朱缨花（也叫美蕊花），最喜欢待的地方是王莲酒店背后的国树国花园。你看，甚至不用走多远，你刚出酒店就能找到它了。此外，百花园豆科植物区的朱缨花区，也是褐喉食蜜鸟喜欢待的地方。有意思的是，也许是体型略大的缘故，褐喉食蜜鸟还显得有些"霸道"，只要是它占据的朱缨花，往往不允许体型稍小的黄腰太阳鸟来共享。于是，你常能观察到它驱逐黄腰太阳鸟的场景。

中国科学院西双版纳热带植物园 🐾 国树国花园

92 蓝枕花蜜鸟

LC

Kurochkinegramma hypogrammicum | Purple-naped Sunbird

在浓密的热带雨林观鸟，如果不仔细观察，很容易忽略这种没有多少华丽色彩、体型娇小的鸟。比起太阳鸟科其他有着华丽羽衣的"亲戚们"，全身暗褐色、喉部以下布满浅褐色纵纹的蓝枕花蜜鸟的颜值并不算高，乍一看真像缩小版的纹背捕蛛鸟，只有它枕部和腰部偶尔露出的那一抹非常亮丽的、闪着金属光泽的蓝紫色羽毛，可以让你在已经觉得它没什么特点时眼前一亮，顿生"万绿丛中一点红"之感。

在中国分布的所有太阳鸟科物种里面，蓝枕花蜜鸟可以说是分布区最为狭窄、最不容易见到的，很少有人在国内亲眼看见过它的芳容。这可能跟它严格依赖天然的热带雨林而生存有关系。不过在版纳植物园，你还是有机会在不经意间与它邂逅的。在热带雨林区的入口处和它那娇小的身姿擦肩而过的概率很高，甚至有人亲见过它在那里筑巢、繁殖并成功哺育了下一代。热带雨林区的小吊桥附近是它经常出没的地方。桥头有几处低矮的树枝上生长着一种桑寄生科的植物，名叫五蕊寄生，如果运气好的话，说不定你能看见它躲在树枝深处吸食这种寄生植物的花蜜。

中国科学院西双版纳热带植物园 🐾 热带雨林区的小吊桥

摄影 赵江波

93 黄腰太阳鸟

LC | *Aethopyga siparaja* | Crimson Sunbird

如果版纳植物园要推选"园鸟"的话，黄腰太阳鸟绝对可以成为颇具竞争力的选手。它体型娇小优美，成年雄鸟胸前的红色鲜艳夺目。黄腰太阳鸟在版纳植物园里比较常见，特别是冬季常成群出现，但出了版纳植物园就少了很多。何况太阳鸟本身就是比较典型的热带、亚热带鸟类代表。

虽然版纳植物园里广泛分布着黄腰太阳鸟，但是冬季的名人名树园和百花园则是它们集中分布的区域。进入 10 月，国树国花园和名人名树园内的朱缨花盛开的时候，花蜜充足，可以看到成群的黄腰太阳鸟在其间觅食。鲜红的朱缨花和红黄搭配的太阳鸟在一起，成为摄影者喜爱的"花鸟图"。在百花园锦葵科植物区的红花冲天槿和马鞭草科植物区的冬红，同样吸引着不少黄腰太阳鸟驻足其间。有意思的是，你能很清楚地看到黄腰太阳鸟在红花冲天槿花朵间觅食的过程中，花粉沾满了额头，从而理解了鸟儿作为传粉者的作用。黄腰太阳鸟的雌鸟浑身浅绿色，和雄鸟差异较大。而当年的亚成体雄鸟，胸前的红色显得很斑驳，也容易被误认为是另一种鸟。

中国科学院西双版纳热带植物园 🍃 全园

摄影 赵江波

94 长嘴捕蛛鸟

LC *Arachnothera longirostra* | Little Spiderhunter

　　说到长嘴捕蛛鸟，也许你的第一印象应该是它吃蜘蛛的。但事实上，在版纳植物园里，你观察到的更多的是它在吮吸芭蕉花的蜜汁。在百果园的一隅，栽种着一片芭蕉。芭蕉花盛开的时候，一走进芭蕉林，就能听见一阵"啧啧啧"的声音，一个细小的身影随之飞远了。八九不离十，那就是长嘴捕蛛鸟。不用担心，你找一朵处于盛花期的芭蕉花，耐心地躲在一边等候，长嘴捕蛛鸟很快就会飞回来享用它的大餐。这时候，你就准备一饱眼福吧！

　　长嘴捕蛛鸟站在芭蕉的花苞上，它的喙和芭蕉花长长的花管非常吻合。为了更好地取食花蜜，它往往会摆出各种高难度的姿势，甚至倒立，构成了一幅幅精美的"花鸟图"，因此也是众多摄鸟人的最爱。

中国科学院西双版纳热带植物园 🍃 百果园

摄影 罗爱东

摄影 肖克坚

95 | 黄胸织雀

LC | *Ploceus philippinus* | Baya Weaver

在西双版纳地区的一些农家乐附近常常可以看到一种草编的曲颈瓶形状的"工艺品",这种艺术品的制造者实际上是织雀科的黄胸织雀。

大部分织雀分布于撒哈拉沙漠以南的非洲,只有少数几种在亚洲热带地区出现,而中国只记录其中的两种。黄胸织雀在版纳植物园内极少现身,而在紧邻的城子村、曼峨村和曼仑村均有稳定记录。它们通常几十只在同一棵树上筑巢,场面蔚为壮观,所以寻找黄胸织雀只需通过望远镜对村寨周围的高大乔木(主要为高山榕和菩提树)进行扫视。

黄胸织雀的鸟巢主要由雄鸟完成,繁殖期顶冠金色的雄鸟用其短粗的喙部将水稻叶撕成细丝,在树枝上编织成水滴形开口向下的半成品后便在雌鸟面前献殷勤,雌鸟通过鸟巢结构的牢固程度与位置的安全程度来判断是否与该雄鸟结为配偶。通过了雌鸟严苛的挑选之后,雄鸟在雌鸟的帮助下继续将剩下的工程完成,球形巢室完成后再在一旁编织一条用于预防天敌进入鸟巢的开口向下的垂直通道。除了有趣的鸟巢编织行为之外,黄胸织雀还存在巢寄生现象。总之,黄胸织雀有太多有趣的故事等着大家去观察、去发现。

中国科学院西双版纳热带植物园 🐦 园内罕见

96 长尾鹦雀

LC *Erythrura prasina* | Pin-tailed Parrotfinch

2013 年年底，一只羽色艳丽的鸟儿撞击版纳植物园研究生公寓的玻璃致死。发生鸟撞的宿舍恰好住着一位热衷观鸟的印度留学生 Sreekar，但他不仅没能立即认出这种鸟儿，甚至在翻遍《中国鸟类野外手册》之后也没能查明这只鸟儿的"身份"，更没想到这次鸟撞事故产生了一个中国鸟类新记录种——长尾鹦雀。

由于长尾鹦雀经常被当作宠物鸟捕捉、运输和饲养，所以一只撞击玻璃致死的鸟儿并不能说明西双版纳有该鸟种的种群分布。但随后，2014 年元旦举办的第四届中国科学院西双版纳热带植物园观鸟节期间，北京鸟友李强在版纳植物园的热带雨林区记录到一个小种群并拍摄到清晰的野外照片，从而确定了这个中国鸟类新记录。长尾鹦雀在之后的两年多时间内销声匿迹，再未出现，直至 2016 年 4 月，有鸟友在与缅甸一河之隔的盈江县某处拍摄到一张猛隼的照片，而猛隼利爪下的猎物竟然是一只长尾鹦雀……

中国科学院西双版纳热带植物园 🦜 园内罕见

摄影 李强

97 白腰文鸟

LC *Lonchura striata* | White-rumped Munia

　　如果你路过版纳植物园的草地、灌丛和试验田，很有可能会惊起一群体型比麻雀稍小、体色由深褐色和白色组成的小鸟，它们就是常见于我国南方的文鸟。版纳植物园有两种文鸟，即白腰文鸟和斑文鸟。它们有时会混群，但这样更容易对比它们之间的区别：白腰文鸟的腰为白色。

　　由于文鸟非常常见，它们很早便被人们观察和记录，宋代画作《雪竹寒雏图》和《霜柏山鸟图》就是以文鸟为观察对象而创作的。不仅如此，文鸟还曾被算命先生利用，被训练成衔取卦签为人占卜吉凶的"灵雀"来骗人钱财。低调朴素的文鸟有位高调花哨的近亲——红梅花雀，这是很多观鸟爱好者来到西双版纳的目标鸟种之一，但它们不在版纳植物园，而在景洪市勐龙镇的勐宋村。

中国科学院西双版纳热带植物园 🐦 植物园的草地、灌丛和试验田

有鸟高飞——中国科学院西双版纳热带植物园·鸟类图谱

摄影 肖克坚

雀形目
PASSERIFORMES

鹡鸰科
Motacillidae

白鹡鸰
Motacilla alba | White Wagtail

98 白鹡鸰

LC | *Motacilla alba* | White Wagtail

中国观鸟记录中心根据多年数据统计得到的"中国十大常见鸟种"显示,白鹡鸰名列其中,而且由于分布范围几乎遍布整个欧亚大陆,所以白鹡鸰理所当然地被观鸟爱好者归入"菜鸟"行列。"鹡鸰"两字来自其叫声,而英文名和拉丁属名意思都是"抖动尾巴",这非常形象地反映了这类鸟儿的标志性动作。除了抖尾巴之外,白鹡鸰的另一个明显特征就是飞行时骤然下降紧接着再上升,即飞行路线呈现波浪形,根据这个特征可以在较远处对白鹡鸰进行识别。

白鹡鸰偏爱农田和草地等开阔地面,所以百花园是最容易观察到白鹡鸰的地方。白鹡鸰时常在百花园的游览车道寻找并追逐昆虫,当遇到行人走近,它们先迈开小细腿儿紧跑几步,此时如果行人靠近的速度太快以至于到了它们觉得受到威胁的距离,便起飞降落到游览车道前方不远处,人们再靠近它们则再起飞,如此几次之后才会改变飞行路线不再跟人"纠缠"。

中国科学院西双版纳热带植物园 🐦 百花园

摄影 曾祥乐

99 田鹨

LC *Anthus richardi* | Richard's Pipit

　　如果你在百花园的斜坡大草坪上看到零星分散的、体型比麻雀稍长、体色比麻雀略淡的鸟儿，那么基本上可以断定是田鹨。田鹨属于版纳植物园最常见、最稳定的鸟种之一，只要不是你故意躲着不见它，它的名字十有八九会在你的观鸟记录中出现。田鹨之所以稳定的另一个原因是它们即使被惊飞了也会在不远的地方落下而不会离开大草坪的范围，所以很容易通过望远镜追踪到它。

　　田鹨生性好动，经常边走动边捕食，它们进食时还会像鹡鸰一样上下摆动尾部，所以更适合通过双筒望远镜进行观察。偏爱开阔地的田鹨主要捕食地面的甲虫等小型昆虫及蚯蚓和小型蜗牛，有时也会急速追逐飞行中的蚊子和白蚁。田鹨通常在地面筑巢，在孵卵和育雏阶段若有捕食者靠近鸟巢，亲鸟会通过假装受伤来转移捕食者的注意从而保护鸟巢中的卵或幼鸟，但这招对版纳植物园为数不少的流浪猫是否有作用，还值得进一步观察和研究。

中国科学院西双版纳热带植物园 🌿 全园

摄影 万绍平

100 树鹨

LC　*Anthus hodgsoni* | Olive-backed Pipit

　　鹨类之间的区别非常小，经常要通过腿和爪的相对长度等一些细节来区分，但是版纳植物园目前记录到的两种鹨则非常容易区分。相对于基本上不会离开百花园大草坪的田鹨而言，散布在版纳植物园各处的树鹨上体颜色较深，耳后有一小块白斑。树鹨经常结成小群在林缘、路边及林间空地上觅食，以橄榄绿色为主的羽色能很好地将它们隐藏起来，因此不太容易被发现。但当你走近时，它们便会集体飞起来然后落在不远处的树枝或电线上，这时候更有利于观察它们布满纵纹的胸部及两胁，还有它们经典的上下摆动尾部的动作。

　　如果你跟外国鸟友一起观鸟，要注意树鹨的英文名是 Olive-backed Pipit 而非直译的 Tree Pipit。后者指的是在我国仅见于新疆西北部的林鹨。

中国科学院西双版纳热带植物园 🐦 百花园

摄影 赵江波

索 引

鸟名生僻字（按拼音字母顺序排列）

B
鹎	bēi

C
鸱	chī

D
雕	diāo
鸫	dōng

E
鹗	è

H
鸻	héng

J
鹡	jí
鹪	jiāo
鹡鸰	jí líng
鸠	jiū
鹍	jú

L
鹂	lí
鸬	lì
椋	liáng
鴷	liè
鹨	liù
鹭	lù

M
鹛	méi

Q
鸲	qú
鹊	què

S
隼	sǔn

W
鹟	wēng

X
鸮	xiāo
鸺鹠	xiū liú

Y
鹇	yán

中国科学院西双版纳热带植物园鸟类名录

Checklist of Birds in XTBG

注: 1. 本名录的中文名、英文名、学名及分类学依据为郑光美《中国鸟类分类与分布名录（第四版）》，北京：科学出版社，2023.6。
2. 鸟种编号对应中国观鸟记录中心 / 鸟种版本 / 郑四版（编号 >4001）。
3. 鸟书页码对应刘阳、陈水华版《中国鸟类观察手册》，长沙：湖南科学技术出版社，2021.1。

序号	鸟种编号	鸟书页码	目	科	中文名	英文名	拉丁名
1	4047	72	鸡形目	雉科	白鹇	Silver Pheasant	*Lophura nycthemera*
2	4055	72	鸡形目	雉科	红原鸡	Red Junglefowl	*Gallus gallus*
3	4066	30	雁形目	鸭科	栗树鸭	Lesser Whistling Duck	*Dendrocygna javanica*
4	4098	38	雁形目	鸭科	棉凫	Cotton Pygmy Goose	*Nettapus coromandelianus*
5	4121	42	雁形目	鸭科	针尾鸭	Northern Pintail	*Anas acuta*
6	4123	88	䴙䴘目	䴙䴘科	小䴙䴘	Little Grebe	*Tachybaptus ruficollis*
7	4132	640	鸽形目	鸠鸽科	斑姬地鸠	Zebra Dove	*Geopelia striata*
8	4139	210	鸽形目	鸠鸽科	斑林鸽	Speckled Wood Pigeon	*Columba hodgsonii*
9	4145	212	鸽形目	鸠鸽科	山斑鸠	Oriental Turtle Dove	*Streptopelia orientalis*
10	4147	212	鸽形目	鸠鸽科	火斑鸠	Red Turtle Dove	*Streptopelia tranquebarica*
11	4148	214	鸽形目	鸠鸽科	珠颈斑鸠	Spotted Dove	*Spilopelia chinensis*
12	4150	214	鸽形目	鸠鸽科	斑尾鹃鸠	Bar-tailed Cuckoo Dove	*Macropygia unchall*
13	4152	214	鸽形目	鸠鸽科	小鹃鸠	Lesser Red Cuckoo Dove	*Macropygia ruficeps*
14	4153	214	鸽形目	鸠鸽科	绿翅金鸠	Emerald Dove	*Chalcophaps indica*
15	4155	216	鸽形目	鸠鸽科	灰头绿鸠	Ashy-headed Green-pigeon	*Treron phayrei*
16	4156	216	鸽形目	鸠鸽科	厚嘴绿鸠	Thick-billed Green Pigeon	*Treron curvirostra*
17	4164	218	鸽形目	鸠鸽科	山皇鸠	Imperial Pigeon	*Ducula badia*
18	4174	243	夜鹰目	夜鹰科	长尾夜鹰	Large-tailed Nightjar	*Caprimulgus macrurus*
19	4176	243	夜鹰目	凤头雨燕科	凤头雨燕	Crested Treeswift	*Hemiprocne coronata*
20	4177	246	夜鹰目	雨燕科	白喉针尾雨燕	White-throated Spinetail	*Hirundapus caudacutus*
21	4178	246	夜鹰目	雨燕科	灰喉针尾雨燕	Silver-backed Spinetail	*Hirundapus cochinchinensis*
22	4181	245	夜鹰目	雨燕科	短嘴金丝燕	Himalayan Swiftlet	*Aerodramus brevirostris*
23	4183	246	夜鹰目	雨燕科	棕雨燕	Asian Palm Swift	*Cypsiurus balasiensis*

序号	鸟种编号	鸟书页码	目	科	中文名	英文名	拉丁名
24	4188	248	夜鹰目	雨燕科	库氏白腰雨燕	Cook's Swift	*Apus cooki*
25	4189	248	夜鹰目	雨燕科	小白腰雨燕	House Swift	*Apus nipalensis*
26	4191	220	鹃形目	杜鹃科	褐翅鸦鹃	Greater Coucal	*Centropus sinensis*
27	4192	220	鹃形目	杜鹃科	小鸦鹃	Lesser Coucal	*Centropus bengalensis*
28	4193	222	鹃形目	杜鹃科	绿嘴地鹃	Green-billed Malkoha	*Phaenicophaeus tristis*
29	4195	220	鹃形目	杜鹃科	红翅凤头鹃	Chestnut-winged Cuckoo	*Clamator coromandus*
30	4196	222	鹃形目	杜鹃科	噪鹃	Western Koel	*Eudynamys scolopaceus*
31	4197	222	鹃形目	杜鹃科	翠金鹃	Asian Emerald Cuckoo	*Chrysococcyx maculatus*
32	4198	222	鹃形目	杜鹃科	紫金鹃	Violet Cuckoo	*Chrysococcyx xanthorhynchus*
33	4199	222	鹃形目	杜鹃科	栗斑杜鹃	Banded Bay Cuckoo	*Cacomantis sonneratii*
34	4200	224	鹃形目	杜鹃科	八声杜鹃	Plaintive Cuckoo	*Cacomantis merulinus*
35	4201	224	鹃形目	杜鹃科	乌鹃	Square-tailed Drongo-cuckoo	*Surniculus lugubris*
36	4204	224	鹃形目	杜鹃科	棕腹鹰鹃	Whistling Hawk-cuckoo	*Hierococcyx nisicolor*
37	4206	226	鹃形目	杜鹃科	四声杜鹃	Indian Cuckoo	*Cuculus micropterus*
38	4207	226	鹃形目	杜鹃科	大杜鹃	Common Cuckoo	*Cuculus canorus*
39	4219	142	鹤形目	秧鸡科	红胸田鸡	Ruddy-breasted Crake	*Zapornia fusca*
40	4225	144	鹤形目	秧鸡科	白胸苦恶鸟	White-breasted Waterhen	*Amaurornis phoenicurus*
41	4229	140	鹤形目	秧鸡科	黑水鸡	Common Moorhen	*Gallinula chloropus*
42	4230	140	鹤形目	秧鸡科	白骨顶	Common Coot	*Fulica atra*
43	4270	93	鹳形目	鹳科	钳嘴鹳	Asian Openbill	*Anastomus oscitans*
44	4283	100	鹈形目	鹭科	黄斑苇鳽	Yellow Bittern	*Ixobrychus sinensis*
45	4284	100	鹈形目	鹭科	紫背苇鳽	Schrenck's Bittern	*Ixobrychus eurhythmus*
46	4285	100	鹈形目	鹭科	栗苇鳽	Cinnamon Bittern	*Ixobrychus cinnamomeus*
47	4286	101	鹈形目	鹭科	黑苇鳽	Black Bittern	*Ixobrychus flavicollis*
48	4289	102	鹈形目	鹭科	黑冠鳽	Malay Night-heron	*Gorsachius melanolophus*
49	4290	102	鹈形目	鹭科	夜鹭	Black-crowned Night-heron	*Nycticorax nycticorax*
50	4292	102	鹈形目	鹭科	绿鹭	Green-backed Heron	*Butorides striata*
51	4294	104	鹈形目	鹭科	池鹭	Chinese Pond Heron	*Ardeola bacchus*
52	4296	104	鹈形目	鹭科	牛背鹭	Cattle Egret	*Bubulcus coromandus*
53	4297	104	鹈形目	鹭科	苍鹭	Grey Heron	*Ardea cinerea*
54	4299	106	鹈形目	鹭科	草鹭	Purple Heron	*Ardea purpurea*
55	4300	106	鹈形目	鹭科	大白鹭	Great Egret	*Ardea alba*
56	4301	106	鹈形目	鹭科	中白鹭	Intermediate Egret	*Ardea intermedia*
57	4304	106	鹈形目	鹭科	白鹭	Little Egret	*Egretta garzetta*
58	4324	152	鸻形目	三趾鹑科	黄脚三趾鹑	Yellow-legged Buttonquail	*Turnix tanki*

序号	鸟种编号	鸟书页码	目	科	中文名	英文名	拉丁名
59	4325	152	鸻形目	三趾鹑科	棕三趾鹑	Barred Buttonquail	*Turnix suscitator*
60	4332	154	鸻形目	反嘴鹬科	黑翅长脚鹬	Black-winged Stilt	*Himantopus himantopus*
61	4334	156	鸻形目	鸻科	距翅麦鸡	River Lapwing	*Vanellus duvaucelii*
62	4335	156	鸻形目	鸻科	灰头麦鸡	Grey-headed Lapwing	*Vanellus cinereus*
63	4353	162	鸻形目	彩鹬科	彩鹬	Greater Painted-snipe	*Rostratula benghalensis*
64	4354	162	鸻形目	水雉科	水雉	Pheasant-tailed Jacana	*Hydrophasianus chirurgus*
65	4358	164	鸻形目	鹬科	白腰杓鹬	Eurasian Curlew	*Numenius arquata*
66	4385	176	鸻形目	鹬科	丘鹬	Eurasian Woodcock	*Scolopax rusticola*
67	4391	178	鸻形目	鹬科	扇尾沙锥	Common Snipe	*Gallinago gallinago*
68	4396	180	鸻形目	鹬科	矶鹬	Common Sandpiper	*Actitis hypoleucos*
69	4397	182	鸻形目	鹬科	白腰草鹬	Green Sandpiper	*Tringa ochropus*
70	4402	184	鸻形目	鹬科	青脚鹬	Common Greenshank	*Tringa nebularia*
71	4403	184	鸻形目	鹬科	红脚鹬	Common Redshank	*Tringa totanus*
72	4410	186	鸻形目	燕鸻科	灰燕鸻	Small Pratincole	*Glareola lactea*
73	4428	192	鸻形目	鸥科	黑尾鸥	Black-tailed Gull	*Larus crassirostris*
74	4453	200	鸻形目	鸥科	灰翅浮鸥	Whiskered Tern	*Chlidonias hybrida*
75	4465	228	鸮形目	草鸮科	栗鸮	Oriental Bay Owl	*Phodilus badius*
76	4467	228	鸮形目	草鸮科	仓鸮	Eastern Barn Owl	*Tyto javanica*
77	4469	238	鸮形目	鸱鸮科	鹰鸮	Brown Boobook	*Ninox scutulata*
78	4472	236	鸮形目	鸱鸮科	领鸺鹠	Collared Owlet	*Glaucidium brodiei*
79	4473	236	鸮形目	鸱鸮科	斑头鸺鹠	Asian Barred Owlet	*Glaucidium cuculoides*
80	4478	229	鸮形目	鸱鸮科	领角鸮	Collared Scops Owl	*Otus lettia*
81	4479	230	鸮形目	鸱鸮科	黄嘴角鸮	Mountain Scops Owl	*Otus spilocephalus*
82	4482	230	鸮形目	鸱鸮科	红角鸮	Oriental Scops Owl	*Otus sunia*
83	4486	234	鸮形目	鸱鸮科	褐林鸮	Brown Wood Owl	*Strix leptogrammica*
84	4497	114	鹰形目	鹗科	鹗	Osprey	*Pandion haliaetus*
85	4498	115	鹰形目	鹰科	黑翅鸢	Black-shouldered Kite	*Elanus caeruleus*
86	4502	116	鹰形目	鹰科	凤头蜂鹰	Oriental Honey-Buzzard	*Pernis ptilorhynchus*
87	4504	116	鹰形目	鹰科	黑冠鹃隼	Black Baza	*Aviceda leuphotes*
88	4511	118	鹰形目	鹰科	蛇雕	Crested Serpent Eagle	*Spilornis cheela*
89	4512	120	鹰形目	鹰科	短趾雕	Short-toed Snake Eagle	*Circaetus gallicus*
90	4516	120	鹰形目	鹰科	林雕	Black Eagle	*Ictinaetus malaiensis*
91	4517	120	鹰形目	鹰科	乌雕	Greater Spotted Eagle	*Clanga clanga*
92	4518	122	鹰形目	鹰科	靴隼雕	Booted Eagle	*Hieraaetus pennatus*
93	4520	122	鹰形目	鹰科	白肩雕	Imperial Eagle	*Aquila heliaca*
94	4523	124	鹰形目	鹰科	凤头鹰	Crested Goshawk	*Accipiter trivirgatus*

序号	鸟种编号	鸟书页码	目	科	中文名	英文名	拉丁名
95	4525	124	鹰形目	鹰科	赤腹鹰	Chinese Goshawk	*Accipiter soloensis*
96	4527	126	鹰形目	鹰科	松雀鹰	Besra	*Accipiter virgatus*
97	4528	126	鹰形目	鹰科	雀鹰	Eurasian Sparrow Hawk	*Accipiter nisus*
98	4531	128	鹰形目	鹰科	白腹鹞	Eastern Marsh Harrier	*Circus spilonotus*
99	4532	128	鹰形目	鹰科	白尾鹞	Hen Harrier	*Circus cyaneus*
100	4536	132	鹰形目	鹰科	黑鸢	Black Kite	*Milvus migrans*
101	4537	132	鹰形目	鹰科	栗鸢	Brahminy Kite	*Haliastur indus*
102	4545	132	鹰形目	鹰科	灰脸鵟鹰	Grey-faced Buzzard	*Butastur indicus*
103	4548	134	鹰形目	鹰科	普通鵟	Eastern Buzzard	*Buteo japonicus*
104	4552	250	咬鹃目	咬鹃科	橙胸咬鹃	Orange-breasted Trogon	*Harpactes oreskios*
105	4560	261	犀鸟目	戴胜科	戴胜	Eurasian Hoopoe	*Upupa epops*
106	4562	253	佛法僧目	蜂虎科	蓝须夜蜂虎	Blue-bearded Bee Eater	*Nyctyornis athertoni*
107	4563	253	佛法僧目	蜂虎科	绿喉蜂虎	Asian Green Bee Eater	*Merops orientalis*
108	4565	254	佛法僧目	蜂虎科	栗喉蜂虎	Blue-tailed Bee Eater	*Merops philippinus*
109	4568	254	佛法僧目	蜂虎科	栗头蜂虎	Chestnut-headed Bee Eater	*Merops leschenaulti*
110	4570	252	佛法僧目	佛法僧科	棕胸佛法僧	Indochinese Roller	*Coracias affinis*
111	4572	252	佛法僧目	佛法僧科	三宝鸟	Oriental Dollarbird	*Eurystomus orientalis*
112	4573	258	佛法僧目	翠鸟科	三趾翠鸟	Oriental Dwarf Kingfisher	*Ceyx erithaca*
113	4575	258	佛法僧目	翠鸟科	普通翠鸟	Common Kingfisher	*Alcedo atthis*
114	4576	258	佛法僧目	翠鸟科	斑头大翠鸟	Blyth's Kingfisher	*Alcedo hercules*
115	4577	258	佛法僧目	翠鸟科	冠鱼狗	Crested Kingfisher	*Megaceryle lugubris*
116	4581	256	佛法僧目	翠鸟科	白胸翡翠	White-throated Kingfisher	*Halcyon smyrnensis*
117	4582	256	佛法僧目	翠鸟科	蓝翡翠	Black-capped Kingfisher	*Halcyon pileata*
118	4584	262	啄木鸟目	拟啄木鸟科	大拟啄木鸟	Great Barbet	*Psilopogon virens*
119	4590	264	啄木鸟目	拟啄木鸟科	蓝喉拟啄木鸟	Blue-throated Barbet	*Psilopogon asiaticus*
120	4591	264	啄木鸟目	拟啄木鸟科	蓝耳拟啄木鸟	Blue-eared Barbet	*Psilopogon duvaucelii*
121	4592	264	啄木鸟目	拟啄木鸟科	赤胸拟啄木鸟	Crimson-breasted Barbet	*Psilopogon haemacephalus*
122	4594	266	啄木鸟目	啄木鸟科	蚁䴕	Wryneck	*Jynx torquilla*
123	4595	266	啄木鸟目	啄木鸟科	白眉棕啄木鸟	White-browed Piculet	*Sasia ochracea*
124	4596	266	啄木鸟目	啄木鸟科	斑姬啄木鸟	Speckled Piculet	*Picumnus innominatus*
125	4602	276	啄木鸟目	啄木鸟科	竹啄木鸟	Pale-headed Woodpecker	*Gecinulus grantia*
126	4603	276	啄木鸟目	啄木鸟科	栗啄木鸟	Rufous Woodpecker	*Micropternus brachyurus*
127	4610	274	啄木鸟目	啄木鸟科	灰头绿啄木鸟	Grey-faced Woodpecker	*Picus canus*
128	4628	278	隼形目	隼科	白腿小隼	Pied Falconet	*Microhierax melanoleucos*
129	4630	278	隼形目	隼科	红隼	Common Kestrel	*Falco tinnunculus*
130	4632	280	隼形目	隼科	红脚隼	Eastern Red-footed Falcon	*Falco amurensis*

序号	鸟种编号	鸟书页码	目	科	中文名	英文名	拉丁名
131	4634	280	隼形目	隼科	燕隼	Hobby	*Falco subbuteo*
132	4638	282	隼形目	隼科	游隼	Peregrine Falcon	*Falco peregrinus*
133	4648	289	雀形目	八色鸫科	双辫八色鸫	Eared Pitta	*Hydrornis phayrei*
134	4649	290	雀形目	八色鸫科	蓝枕八色鸫	Blue-naped Pitta	*Hydrornis nipalensis*
135	4653	290	雀形目	八色鸫科	绿胸八色鸫	Western Hooded Pitta	*Pitta sordida*
136	4654	290	雀形目	八色鸫科	蓝翅八色鸫	Blue-winged Pitta	*Pitta moluccensis*
137	4656	290	雀形目	八色鸫科	仙八色鸫	Fairy Pitta	*Pitta nympha*
138	4657	288	雀形目	阔嘴鸟科	长尾阔嘴鸟	Long-tailed Broadbill	*Psarisomus dalhousiae*
139	4658	288	雀形目	阔嘴鸟科	银胸丝冠鸟	Silver-breasted Broadbill	*Serilophus lunatus*
140	4662	310	雀形目	黄鹂科	黑枕黄鹂	Black-naped Oriole	*Oriolus chinensis*
141	4664	311	雀形目	黄鹂科	朱鹂	Maroon Oriole	*Oriolus traillii*
142	4666	306	雀形目	莺雀科	白腹凤鹛	White-bellied Erpornis	*Erpornis zantholeuca*
143	4668	306	雀形目	莺雀科	红翅鸣鹛	Blyth's Shrike-babbler	*Pteruthius aeralatus*
144	4669	306	雀形目	莺雀科	淡绿鸣鹛	Green Shrike-babbler	*Pteruthius xanthochlorus*
145	4672	296	雀形目	山椒鸟科	灰喉山椒鸟	Grey-chinned Minivet	*Pericrocotus solaris*
146	4673	296	雀形目	山椒鸟科	短嘴山椒鸟	Short-billed Minivet	*Pericrocotus brevirostris*
147	4674	298	雀形目	山椒鸟科	长尾山椒鸟	Long-tailed Minivet	*Pericrocotus ethologus*
148	4675	298	雀形目	山椒鸟科	赤红山椒鸟	Scarlet Minivet	*Pericrocotus speciosus*
149	4676	296	雀形目	山椒鸟科	灰山椒鸟	Ashy Minivet	*Pericrocotus divaricatus*
150	4678	296	雀形目	山椒鸟科	小灰山椒鸟	Swinhoe's Minivet	*Pericrocotus cantonensis*
151	4679	296	雀形目	山椒鸟科	粉红山椒鸟	Rosy Minivet	*Pericrocotus roseus*
152	4680	298	雀形目	山椒鸟科	大鹃鵙	Large Cuckooshrike	*Coracina macei*
153	4682	298	雀形目	山椒鸟科	暗灰鹃鵙	Black-winged Cuckooshrike	*Lalage melaschistos*
154	4683	293	雀形目	燕鵙科	灰燕鵙	Ashy Woodswallow	*Artamus fuscus*
155	4684	292	雀形目	钩嘴鵙科	褐背鹃鵙	Bar-winged Flycatcher-shrike	*Hemipus picatus*
156	4685	292	雀形目	钩嘴鵙科	钩嘴林鵙	Large Woodshrike	*Tephrodornis virgatus*
157	4686	294	雀形目	雀鹎科	黑翅雀鹎	Common Iora	*Aegithina tiphia*
158	4687	294	雀形目	雀鹎科	大绿雀鹎	Great Iora	*Aegithina lafresnayei*
159	4688	316	雀形目	扇尾鹟科	白喉扇尾鹟	White-throated Fantail	*Rhipidura albicollis*
160	4691	312	雀形目	卷尾科	黑卷尾	Black Drongo	*Dicrurus macrocercus*
161	4692	312	雀形目	卷尾科	灰卷尾	Ashy Drongo	*Dicrurus leucophaeus*
162	4693	312	雀形目	卷尾科	鸦嘴卷尾	Crow-billed Drongo	*Dicrurus annectens*
163	4694	314	雀形目	卷尾科	古铜色卷尾	Bronzed Drongo	*Dicrurus aeneus*
164	4695	314	雀形目	卷尾科	小盘尾	Lesser Racket-tailed Drongo	*Dicrurus remifer*
165	4696	314	雀形目	卷尾科	发冠卷尾	Hair-crested Drongo	*Dicrurus hottentottus*
166	4697	314	雀形目	卷尾科	大盘尾	Greater Racket-tailed Drongo	*Dicrurus paradiseus*

序号	鸟种编号	鸟书页码	目	科	中文名	英文名	拉丁名
167	4698	317	雀形目	王鹟科	黑枕王鹟	Black-naped Monarch	*Hypothymis azurea*
168	4700	318	雀形目	王鹟科	东方寿带	Oriental Paradise Flycatcher	*Terpsiphone affinis*
169	4705	300	雀形目	伯劳科	红尾伯劳	Brown Shrike	*Lanius cristatus*
170	4709	302	雀形目	伯劳科	栗背伯劳	Burmese Shrike	*Lanius collurioides*
171	4711	302	雀形目	伯劳科	棕背伯劳	Long-tailed Shrike	*Lanius schach*
172	4712	304	雀形目	伯劳科	灰背伯劳	Grey-backed Shrike	*Lanius tephronotus*
173	4724	324	雀形目	鸦科	红嘴蓝鹊	Red-billed Blue Magpie	*Urocissa erythroryncha*
174	4726	325	雀形目	鸦科	蓝绿鹊	Common Green Magpie	*Cissa chinensis*
175	4749	335	雀形目	玉鹟科	黄腹扇尾鹟	Yellow-bellied Fantail	*Chelidorhynx hypoxanthus*
176	4750	335	雀形目	玉鹟科	方尾鹟	Grey-headed Canary-flycatcher	*Culicicapa ceylonensis*
177	4751	337	雀形目	山雀科	火冠雀	Fire-capped Tit	*Cephalopyrus flammiceps*
178	4770	344	雀形目	山雀科	大山雀	Japanese Tit	*Parus minor*
179	4801	418	雀形目	扇尾莺科	暗冕山鹪莺	Rufescent Prinia	*Prinia rufescens*
180	4802	420	雀形目	扇尾莺科	灰胸山鹪莺	Grey-breasted Prinia	*Prinia hodgsonii*
181	4803	418	雀形目	扇尾莺科	黄腹山鹪莺	Yellow-bellied Prinia	*Prinia flaviventris*
182	4804	420	雀形目	扇尾莺科	纯色山鹪莺	Plain Prinia	*Prinia inornata*
183	4805	420	雀形目	扇尾莺科	长尾缝叶莺	Common Tailorbird	*Orthotomus sutorius*
184	4806	420	雀形目	扇尾莺科	黑喉缝叶莺	Dark-necked Tailorbird	*Orthotomus atrogularis*
185	4808	402	雀形目	苇莺科	东方大苇莺	Oriental Reed Warbler	*Acrocephalus orientalis*
186	4810	404	雀形目	苇莺科	黑眉苇莺	Black-browed Reed Warbler	*Acrocephalus bistrigiceps*
187	4819	406	雀形目	苇莺科	厚嘴苇莺	Thick-billed Warbler	*Arundinax aedon*
188	4826	370	雀形目	鳞胸鹪鹛科	小鳞胸鹪鹛	Pygmy Cupwing	*Pnoepyga pusilla*
189	4839	412	雀形目	蝗莺科	北短翅蝗莺	Baikal Bush Warbler	*Locustella davidi*
190	4845	365	雀形目	燕科	灰喉沙燕	Grey-throated Martin	*Riparia chinensis*
191	4848	366	雀形目	燕科	家燕	Barn Swallow	*Hirundo rustica*
192	4852	366	雀形目	燕科	纯色岩燕	Dusky Crag Martin	*Ptyonoprogne concolor*
193	4854	368	雀形目	燕科	烟腹毛脚燕	Asian House Martin	*Delichon dasypus*
194	4855	368	雀形目	燕科	黑喉毛脚燕	Nepal House Martin	*Delichon nipalense*
195	4856	368	雀形目	燕科	金腰燕	Red-rumped Swallow	*Cecropis daurica*
196	4857	368	雀形目	燕科	斑腰燕	Striated Swallow	*Cecropis striolata*
197	4862	358	雀形目	鹎科	黑头鹎	Black-headed Bulbul	*Brachypodius atriceps*
198	4863	358	雀形目	鹎科	黑冠黄鹎	Black-capped Bulbul	*Rubigula flaviventris*
199	4864	362	雀形目	鹎科	红耳鹎	Red-whiskered Bulbul	*Pycnonotus jocosus*
200	4865	360	雀形目	鹎科	黄臀鹎	Brown-breasted Bulbul	*Pycnonotus xanthorrhous*
201	4869	362	雀形目	鹎科	白眉黄臀鹎	Yellow-vented Bulbul	*Pycnonotus goiavier*
202	4872	362	雀形目	鹎科	白喉红臀鹎	Sooty-headed Bulbul	*Pycnonotus aurigaster*

序号	鸟种编号	鸟书页码	目	科	中文名	英文名	拉丁名
203	4874	360	雀形目	鹎科	黄绿鹎	Flavescent Bulbul	*Pycnonotus flavescens*
204	4876	355	雀形目	鹎科	白喉冠鹎	Puff-throated Bulbul	*Alophoixus pallidus*
205	4877	356	雀形目	鹎科	灰眼短脚鹎	Grey-eyed Bulbul	*Iole propinqua*
206	4878	358	雀形目	鹎科	绿翅短脚鹎	Mountain Bulbul	*Ixos mcclellandii*
207	4879	356	雀形目	鹎科	灰短脚鹎	Ashy Bulbul	*Hemixos flavala*
208	4881	356	雀形目	鹎科	黑短脚鹎	Black Bulbul	*Hypsipetes leucocephalus*
209	4886	385	雀形目	柳莺科	淡眉柳莺	Hume's Leaf Warbler	*Phylloscopus humei*
210	4887	385	雀形目	柳莺科	黄眉柳莺	Yellow-browed Warbler	*Phylloscopus inornatus*
211	4888	386	雀形目	柳莺科	云南柳莺	Chinese Leaf Warbler	*Phylloscopus yunnanensis*
212	4894	388	雀形目	柳莺科	巨嘴柳莺	Radde's Warbler	*Phylloscopus schwarzi*
213	4899	388	雀形目	柳莺科	褐柳莺	Dusky Warbler	*Phylloscopus fuscatus*
214	4904	392	雀形目	柳莺科	冕柳莺	Eastern Crowned Warbler	*Phylloscopus coronatus*
215	4906	394	雀形目	柳莺科	白眶鹟莺	White-spectacled Warbler	*Phylloscopus intermedius*
216	4907	394	雀形目	柳莺科	灰脸鹟莺	Grey-cheeked Warbler	*Phylloscopus poliogenys*
217	4909	394	雀形目	柳莺科	灰冠鹟莺	Grey-crowned Warbler	*Phylloscopus tephrocephalus*
218	4911	394	雀形目	柳莺科	比氏鹟莺	Bianchi's Warbler	*Phylloscopus valentini*
219	4913	396	雀形目	柳莺科	峨眉鹟莺	Martens's Warbler	*Phylloscopus omeiensis*
220	4914	392	雀形目	柳莺科	双斑绿柳莺	Two-barred Warbler	*Phylloscopus plumbeitarsus*
221	4915	392	雀形目	柳莺科	暗绿柳莺	Greenish Warbler	*Phylloscopus trochiloides*
222	4917	392	雀形目	柳莺科	乌嘴柳莺	Large-billed Leaf Warbler	*Phylloscopus magnirostris*
223	4922	398	雀形目	柳莺科	极北柳莺	Arctic Warbler	*Phylloscopus borealis*
224	4926	386	雀形目	柳莺科	黄胸柳莺	Yellow-vented Warbler	*Phylloscopus cantator*
225	4927	400	雀形目	柳莺科	西南冠纹柳莺	Blyth's Leaf Warbler	*Phylloscopus reguloides*
226	4932	400	雀形目	柳莺科	云南白斑尾柳莺	Davison's Leaf Warbler	*Phylloscopus intensior*
227	4934	373	雀形目	树莺科	黄腹鹟莺	Yellow-bellied Warbler	*Abroscopus superciliaris*
228	4945	376	雀形目	树莺科	灰腹地莺	Grey-bellied Tesia	*Tesia cyaniventer*
229	4951	378	雀形目	树莺科	鳞头树莺	Asian Stubtail	*Urosphena squameiceps*
230	5011	488	雀形目	绣眼鸟科	红胁绣眼鸟	Chestnut-flanked White-eye	*Zosterops erythropleurus*
231	5013	488	雀形目	绣眼鸟科	暗绿绣眼鸟	Swinhoe's White-eye	*Zosterops simplex*
232	5015	488	雀形目	绣眼鸟科	灰腹绣眼鸟	Indian White-eye	*Zosterops palpebrosus*
233	5022	428	雀形目	林鹛科	棕颈钩嘴鹛	Streak-breasted Scimitar Babbler	*Pomatorhinus ruficollis*
234	5035	430	雀形目	林鹛科	黑头穗鹛	Grey-throated Babbler	*Stachyris nigriceps*
235	5036	432	雀形目	林鹛科	斑颈穗鹛	Spot-necked Babbler	*Stachyris strialata*
236	5037	424	雀形目	林鹛科	红头穗鹛	Rufous-capped Babbler	*Cyanoderma ruficeps*

序号	鸟种编号	鸟书页码	目	科	中文名	英文名	拉丁名
237	5041	423	雀形目	林鹛科	纹胸鹛	Pin-striped Tit-Babbler	*Mixornis gularis*
238	5042	423	雀形目	林鹛科	红顶鹛	Chestnut-capped Babbler	*Timalia pileata*
239	5049	438	雀形目	幽鹛科	灰岩鹩鹛	Annam Limestone Babbler	*Gypsophila annamensis*
240	5057	436	雀形目	幽鹛科	棕胸雅鹛	Buff-breasted Babbler	*Pellorneum tickelli*
241	5058	436	雀形目	幽鹛科	白腹幽鹛	Spot-throated Babbler	*Pellorneum albiventre*
242	5059	436	雀形目	幽鹛科	棕头幽鹛	Puff-throated Babbler	*Pellorneum ruficeps*
243	5060	441	雀形目	雀鹛科	褐脸雀鹛	Brown-cheeked Fulvetta	*Alcippe poioicephala*
244	5063	441	雀形目	雀鹛科	云南雀鹛	Yunnan Fulvetta	*Alcippe fratercula*
245	5067	456	雀形目	噪鹛科	画眉	Chinese Hwamei	*Garrulax canorus*
246	5085	462	雀形目	噪鹛科	黑喉噪鹛	Black-throated Laughingthrush	*Pterorhinus chinensis*
247	5131	448	雀形目	噪鹛科	长尾奇鹛	Long-tailed Sibia	*Heterophasia picaoides*
248	5136	450	雀形目	噪鹛科	黑头奇鹛	Dark-backed Sibia	*Heterophasia desgodinsi*
249	5151	496	雀形目	䴓科	绒额䴓	Velvet-fronted Nuthatch	*Sitta frontalis*
250	5160	501	雀形目	椋鸟科	斑翅椋鸟	Spot-winged Starling	*Saroglossa spilopterus*
251	5163	502	雀形目	椋鸟科	林八哥	Great Myna	*Acridotheres grandis*
252	5167	502	雀形目	椋鸟科	家八哥	Common Myna	*Acridotheres tristis*
253	5169	504	雀形目	椋鸟科	丝光椋鸟	Red-billed Starling	*Spodiopsar sericeus*
254	5170	504	雀形目	椋鸟科	灰椋鸟	White-cheeked Starling	*Spodiopsar cineraceus*
255	5171	504	雀形目	椋鸟科	黑领椋鸟	Black-collared Starling	*Gracupica nigricollis*
256	5176	506	雀形目	椋鸟科	灰背椋鸟	White-shouldered Starling	*Sturnia sinensis*
257	5177	506	雀形目	椋鸟科	灰头椋鸟	Chestnut-tailed Starling	*Sturnia malabarica*
258	5178	506	雀形目	椋鸟科	黑冠椋鸟	Brahminy Starling	*Sturnia pagodarum*
259	5180	506	雀形目	椋鸟科	紫翅椋鸟	Common Starling	*Sturnus vulgaris*
260	5181	509	雀形目	鸫科	橙头地鸫	Orange-headed Thrush	*Geokichla citrina*
261	5182	509	雀形目	鸫科	白眉地鸫	Siberian Thrush	*Geokichla sibirica*
262	5187	510	雀形目	鸫科	虎斑地鸫	White's Thrush	*Zoothera aurea*
263	5194	512	雀形目	鸫科	黑胸鸫	Black-breasted Thrush	*Turdus dissimilis*
264	5199	514	雀形目	鸫科	乌鸫	Chinese Blackbird	*Turdus mandarinus*
265	5205	516	雀形目	鸫科	白眉鸫	Eyebrowed Thrush	*Turdus obscurus*
266	5218	520	雀形目	鸫科	绿宽嘴鸫	Green Cochoa	*Cochoa viridis*
267	5220	524	雀形目	鹟科	鹊鸲	Oriental Magpie-Robin	*Copsychus saularis*
268	5221	524	雀形目	鹟科	白腰鹊鸲	White-rumped Shama	*Copsychus malabaricus*
269	5224	526	雀形目	鹟科	乌鹟	Dark-sided Flycatcher	*Muscicapa sibirica*
270	5225	526	雀形目	鹟科	北灰鹟	Asian Brown Flycatcher	*Muscicapa dauurica*
271	5227	526	雀形目	鹟科	棕尾褐鹟	Ferruginous Flycatcher	*Muscicapa ferruginea*
272	5229	532	雀形目	鹟科	海南蓝仙鹟	Hainan Blue Flycatcher	*Cyornis hainanus*

序号	鸟种编号	鸟书页码	目	科	中文名	英文名	拉丁名
273	5231	530	雀形目	鹟科	灰颊仙鹟	Pale-chinned Blue Flycatcher	*Cyornis poliogenys*
274	5232	530	雀形目	鹟科	山蓝仙鹟	Hill Blue Flycatcher	*Cyornis whitei*
275	5235	530	雀形目	鹟科	白尾蓝仙鹟	White-tailed Flycatcher	*Cyornis concretus*
276	5241	528	雀形目	鹟科	大仙鹟	Large Niltava	*Niltava grandis*
277	5245	528	雀形目	鹟科	铜蓝鹟	Verditer Flycatcher	*Eumyias thalassinus*
278	5249	532	雀形目	鹟科	白喉短翅鸫	Lesser Shortwing	*Brachypteryx leucophris*
279	5250	534	雀形目	鹟科	喜山蓝短翅鸫	Himalayan Shortwing	*Brachypteryx cruralis*
280	5254	534	雀形目	鹟科	蓝歌鸲	Siberian Blue Robin	*Larvivora cyane*
281	5255	536	雀形目	鹟科	红尾歌鸲	Rufous-tailed Robin	*Larvivora sibilans*
282	5264	538	雀形目	鹟科	红喉歌鸲	Siberian Rubythroat	*Calliope calliope*
283	5267	540	雀形目	鹟科	白尾蓝地鸲	White-tailed Robin	*Myiomela leucura*
284	5278	544	雀形目	鹟科	灰背燕尾	Slaty-backed Forktail	*Enicurus schistaceus*
285	5279	544	雀形目	鹟科	白额燕尾	White-crowned Forktail	*Enicurus leschenaulti*
286	5282	542	雀形目	鹟科	紫啸鸫	Blue Whistling Thrush	*Myophonus caeruleus*
287	5284	546	雀形目	鹟科	白眉姬鹟	Yellow-rumped Flycatcher	*Ficedula zanthopygia*
288	5288	548	雀形目	鹟科	锈胸蓝姬鹟	Slaty-backed Flycatcher	*Ficedula erithacus*
289	5293	548	雀形目	鹟科	橙胸姬鹟	Rufous-gorgeted Flycatcher	*Ficedula strophiata*
290	5294	548	雀形目	鹟科	红胸姬鹟	Red-breasted Flycatcher	*Ficedula parva*
291	5295	548	雀形目	鹟科	红喉姬鹟	Taiga Flycatcher	*Ficedula albicilla*
292	5296	548	雀形目	鹟科	棕胸蓝姬鹟	Snowy-browed Flycatcher	*Ficedula hyperythra*
293	5297	550	雀形目	鹟科	小斑姬鹟	Little Pied Flycatcher	*Ficedula westermanni*
294	5300	550	雀形目	鹟科	玉头姬鹟	Sapphire Flycatcher	*Ficedula sapphira*
295	5308	554	雀形目	鹟科	北红尾鸲	Daurian Redstart	*Phoenicurus auroreus*
296	5311	556	雀形目	鹟科	红尾水鸲	Plumbeous Water Redstart	*Phoenicurus fuliginosus*
297	5312	556	雀形目	鹟科	白顶溪鸲	White-capped Water-redstart	*Phoenicurus leucocephalus*
298	5314	556	雀形目	鹟科	蓝矶鸫	Blue Rock Thrush	*Monticola solitarius*
299	5315	558	雀形目	鹟科	栗腹矶鸫	Chestnut-bellied Rock Thrush	*Monticola rufiventris*
300	5320	558	雀形目	鹟科	黑喉石䳭	Siberian Stonechat	*Saxicola maurus*
301	5324	560	雀形目	鹟科	灰林䳭	Grey Bushchat	*Saxicola ferreus*
302	5335	490	雀形目	和平鸟科	和平鸟	Asian Fairy-bluebird	*Irena puella*
303	5337	565	雀形目	叶鹎科	西南橙腹叶鹎	Orange-bellied Leafbird	*Chloropsis hardwickii*
304	5339	565	雀形目	叶鹎科	蓝翅叶鹎	Blue-winged Leafbird	*Chloropsis cochinchinensis*
305	5341	566	雀形目	啄花鸟科	黄臀啄花鸟	Yellow-vented Flowerpecker	*Dicaeum chrysorrheum*
306	5342	566	雀形目	啄花鸟科	厚嘴啄花鸟	Thick-billed Flowerpecker	*Dicaeum agile*
307	5343	567	雀形目	啄花鸟科	纯色啄花鸟	Plain Flowerpecker	*Dicaeum minullum*
308	5344	566	雀形目	啄花鸟科	朱背啄花鸟	Scarlet-backed Flowerpecker	*Dicaeum cruentatum*

序号	鸟种编号	鸟书页码	目	科	中文名	英文名	拉丁名
309	5345	566	雀形目	啄花鸟科	红胸啄花鸟	Fire-breasted Flowerpecker	*Dicaeum ignipectus*
310	5346	569	雀形目	花蜜鸟科	蓝枕花蜜鸟	Purple-naped Sunbird	*Kurochkinegramma hypogrammicum*
311	5347	572	雀形目	花蜜鸟科	长嘴捕蛛鸟	Little Spiderhunter	*Arachnothera longirostra*
312	5348	572	雀形目	花蜜鸟科	纹背捕蛛鸟	Streaked Spiderhunter	*Arachnothera magna*
313	5349	569	雀形目	花蜜鸟科	紫颊太阳鸟	Ruby-cheeked Sunbird	*Chalcoparia singalensis*
314	5350	569	雀形目	花蜜鸟科	褐喉食蜜鸟	Brown-throated Sunbird	*Anthreptes malacensis*
315	5351	570	雀形目	花蜜鸟科	紫花蜜鸟	Purple Sunbird	*Cinnyris asiaticus*
316	5352	570	雀形目	花蜜鸟科	黄腹花蜜鸟	Olive-backed Sunbird	*Cinnyris jugularis*
317	5354	572	雀形目	花蜜鸟科	黑胸太阳鸟	Black-throated Sunbird	*Aethopyga saturata*
318	5356	570	雀形目	花蜜鸟科	蓝喉太阳鸟	Mrs. Gould's Sunbird	*Aethopyga gouldiae*
319	5357	572	雀形目	花蜜鸟科	黄腰太阳鸟	Crimson Sunbird	*Aethopyga siparaja*
320	5370	579	雀形目	织雀科	黄胸织雀	Baya Weaver	*Ploceus philippinus*
321	5374	582	雀形目	梅花雀科	白腰文鸟	White-rumped Munia	*Lonchura striata*
322	5375	582	雀形目	梅花雀科	斑文鸟	Scaly-breasted Munia	*Lonchura punctulata*
323	5378	581	雀形目	梅花雀科	长尾鹦雀	Pin-tailed Parrotfinch	*Erythrura prasina*
324	5380	574	雀形目	雀科	家麻雀	House Sparrow	*Passer domesticus*
325	5383	574	雀形目	雀科	麻雀	Eurasian Tree Sparrow	*Passer montanus*
326	5392	588	雀形目	鹡鸰科	山鹡鸰	Forest Wagtail	*Dendronanthus indicus*
327	5395	594	雀形目	鹡鸰科	树鹨	Olive-backed Pipit	*Anthus hodgsoni*
328	5402	592	雀形目	鹡鸰科	田鹨	Richard's Pipit	*Anthus richardi*
329	5403	592	雀形目	鹡鸰科	东方田鹨	Paddyfield Pipit	*Anthus rufulus*
330	5408	592	雀形目	鹡鸰科	灰鹡鸰	Grey Wagtail	*Motacilla cinerea*
331	5411	590	雀形目	鹡鸰科	白鹡鸰	White Wagtail	*Motacilla alba*
332	5413	600	雀形目	燕雀科	燕雀	Brambling	*Fringilla montifringilla*
333	5418	602	雀形目	燕雀科	黑尾蜡嘴雀	Chinese Grosbeak	*Eophona migratoria*
334	5420	606	雀形目	燕雀科	普通朱雀	Common Rosefinch	*Carpodacus erythrinus*
335	5499	630	雀形目	鹀科	黄胸鹀	Yellow-breasted Bunting	*Emberiza aureola*
336	5502	634	雀形目	鹀科	灰头鹀	Black-faced Bunting	*Emberiza spodocephala*
337	5507	628	雀形目	鹀科	白眉鹀	Tristram's Bunting	*Emberiza tristrami*

摄影 赵江波

图书在版编目（CIP）数据

有鸟高飞：中国科学院西双版纳热带植物园.鸟类
图谱 / 赵江波，王西敏，顾伯健著 . — 北京：中国林
业出版社，2025.3. — ISBN 978-7-5219-3159-4

Ⅰ . Q959.708-64

中国国家版本馆 CIP 数据核字第 202531C15H 号

有鸟高飞

——中国科学院西双版纳热带植物园·鸟类图谱

策划出品：小途工作室

责任编辑：曹曦文　黄晓飞　吴　卉

书籍设计：DONOVA

电　　话：(010) 8314 3552

出版发行：中国林业出版社（100009，北京市西城区刘海胡同 7 号）

E - mail：books@theways.cn

网　　址：http://www.cfph.net

印　　刷：北京雅昌艺术印刷有限公司

版　　次：2025 年 3 月　第 1 版

印　　次：2025 年 3 月　第 1 次印刷

开　　本：889mm×1194mm 1/32

印　　张：7.5

字　　数：188 千字

定　　价：68.00 元

"小途"是中国林业出版社旗下文化创意产业品牌，延续中国林业出版社的专业学术特色和知识普及能力，整合林草领域专业资源，围绕"自然文化 + 生活美学 + 未来科技"，从事内容创作、内容挖掘、内容衍生品运作。形成出版、展览、文创、融媒体等优质产品，系统解读科学知识，讲好中国林草故事，传播中国生态文化。联手公众建立礼敬自然、亲近自然的生活方式，展现人与自然和谐共生的无限可能。

小途公众号　　　　看见万物

飞羽雨林

中国科学院
西双版纳热带植物园
常见鸟类观察指南

中国科学院西双版纳热带植物园
XISHUANGBANNA TROPICAL BOTANICAL GARDEN · CHINESE ACADEMY OF SCIENCES

中国林业出版社
China Forestry Publishing House

联合出品

中国科学院
西双版纳热带植物园
常见鸟类观察指南

HANDBOOK OF THE BIRDS IN XISHUANGBANNA TROPICALL BOTANICAL GARDEN,CHINESE ACADEMY OF SCIENCES

为什么在植物园里观鸟？

⊙西双版纳热带植物园位于热带北缘，生物多样性极其丰富。特殊的鸟类资源让这里成为国内外颇具盛名的观鸟旅游胜地。作为经典的自然教育活动，观鸟好处良多，不仅鼓励人们走进户外，亲近大自然，还可以培养孩子的探索观察能力，发现鸟类之美。

如何开始一次观鸟？

⊙鸟儿几乎无处不在，因此任何人都可以享受到观鸟的乐趣。版纳植物园西区是进行观鸟体验的绝佳场所，这里常能见开阔之地、四时有不谢之花，利于观鸟者搜寻和观察鸟类。本指南包含了植物园中常见的 35 种鸟类，帮助你深入了解它们的形态、行为和生存环境。如果你拍到了一张比较清楚的照片，使用微信中的【懂鸟】小程序也可以进行识别。

鹟

鹃

鸠

鹳

鸟类探索打卡

燕

鸲

鹦

鹎

莺

你认识了哪些鸟类的名称？
请在对应的鸟类○中画上✓。

你看到的鸟类出现在
热带雨林的哪一层次？

请把你看到的鸟类序号
填在下方对应的框格中。

露生层

≥ 35m

树冠层

21~35m

天空　热带雨林最重要的特征之一——
就是清晰的层状结构，从上
至下依次是露生层、树冠层、
幼树层、灌木层和地面层。

幼树层 11~20m

灌木层 6~10m

地面层 0~5m

池塘

看到 / 听到哪种鸟类，可以在对
应的符号上做上标记

记录小 tips:

👁✓ 📶✓ 书中编号 25

1 家　燕
Hirundo rustica
俗称"拙燕"，与人类关系密切
胸前相对干净，额前为红色
几乎遍布全世界

👁 📶 书中编号 63

2 斑腰燕
Cecropis striolata
俗称"巧燕"，筑精致的杯状巢
胸前密布纵纹，腰部黄色
国内仅分布于台湾和云南

👁 📶 书中编号 64

3 小白腰雨燕
Apus nipalensis
比棕雨燕稍大，体型敦实
白色的腰部较为显眼
喜欢在人工建筑中筑巢

👁 📶 书中编号 26

7 栗背伯劳
Lanius collurioides
性情凶猛的"屠夫鸟"
背部的栗色和灰色分界明显
擅长模仿猎物的叫声

👁 📶 书中编号 48

8 灰卷尾
Dicrurus leucophaeus
在显眼的枝头捕食飞虫
通体深灰色的西南亚种
喜欢在林缘地带活动

👁 📶 书中编号 49

9 黑翅雀鹎
Aegithina tiphia
边缘分布于云南和广西
带有两条白色翼斑的黑色翅膀
常在树间跳跃搜寻捕食昆虫

👁 📶 书中编号 45

13 黑枕王鹟
Hypothymis azurea
雄鸟具有羽衣延迟成熟策略
头上戴了顶"圆形小黑帽"
常见于低海拔地区

👁 📶 书中编号 54

14 方尾鹟
Culicicapa ceylonensis
生性活泼，擅长鸣叫
会突然飞起再落回同一根栖枝
鸟巢仅由雌鸟独立建造

👁 📶 书中编号 55

15 大山雀
Parus minor
生存能力非常优秀
具有超强的洞察力，擅长学习
是一种会使用工具的鸟类

👁 📶

4棕雨燕
Cypsiurus balasiensis

"无足之鸟"的原型
无与伦比的飞行技巧
过着在棕榈之间的隐秘生活

👁 🔊 书中编号 25

5蓝喉拟啄木鸟
Psilopogon asiaticus

"果多罗"的叫声响彻园内
钟爱吃热带树木的果实
只在繁殖期啄木筑巢

👁 🔊 书中编号 33

6赤胸拟啄木鸟
Psilopogon haemacephalus

版纳植物园的招牌明星
体型比蓝喉拟啄木鸟更小
只在繁殖期啄木筑巢

👁 🔊 书中编号 34

10黑冠黄鹎
Rubigula flaviventris

喜欢开阔环境的鹎类
显眼的黑色羽冠好像顶帽子
在树冠层寻觅果实充饥

👁 🔊 书中编号 57

11领角鸮
Otus lettia

昼伏夜出的猫头鹰
头部可以灵活旋转 270 度
主食为鼠类和大型昆虫

👁 🔊 书中编号 20

12普通翠鸟
Alcedo atthis

我们身边的捕鱼大师
下嘴的颜色可以来区分雌雄
将渔获砸晕以方便进食

👁 🔊 书中编号 29

16白喉红臀鹎
Pycnonotus aurigaster

植物园常见的鹎类之一
与红耳鹎很像，但冠羽更小
尾下覆羽随年龄增长而变红

👁 🔊 书中编号 59

17红耳鹎
Pycnonotus jocosus

植物园常见的鹎类之一
微微向前弯曲的高耸冠羽
惹人注意的"腮红"

👁 🔊 书中编号 58

18长尾缝叶莺
Orthotomus sutorius

心灵手巧的裁缝大师
响亮且重复的单调叫声
常常在鸣叫时翘起尾巴

👁 🔊 书中编号 68

艺术绘画: 常露丹
照片提供: 版纳植物园环境教育中心

雄性
雌性

19 纯色啄花鸟

Dicaeum minullum
中国体型最小的鸟类
喜欢集群活动
与桑寄生互利共生

👁 🔊 书中编号 88

20 褐喉食蜜鸟

Anthreptes malacensis
版纳植物园的招牌明星
喜欢朱缨花、扶桑花和刺桐花
讨厌与其他鸟类分享花蜜

👁 🔊 书中编号 91

21 黄腰太阳鸟

Aethopyga siparaja
植物园最常见的太阳鸟
热带花朵重要的传粉者
雌鸟的羽色不如雄鸟醒目

👁 🔊 书中编号 93

25 池　鹭

Ardeola bacchus
王莲叶片上的"捕鱼郎"
白色的翅膀在飞行时特别明显
依赖池塘、湿地等水域生活

👁 🔊 书中编号 4

26 白胸苦恶鸟

Amaurornis phoenicurus
生性机警，行踪隐蔽
叫声听起来像是"苦恶、苦恶"
遇险时抓住水草，潜入水中躲避

👁 🔊

27 褐翅鸦鹃

Centropus sinensis
被当地人称作"大毛鸡"
不会巢寄生的一种杜鹃
连续而低沉的叫声不时响起

👁 🔊 书中编号 10

31 白腰鹊鸲

Copsychus malabaricus
密林中的歌唱家
善于模仿其他鸟类的叫声
雄性的白色腰部非常扎眼

👁 🔊 书中编号 80

32 斑文鸟

Lonchura punctulata
植物园的两种文鸟之一
胸前密布鱼鳞状斑纹
在人多的地方筑巢以躲避天敌

👁 🔊

33 白腰文鸟

Lonchura striata
植物园的两种文鸟之一
腰部为明显的白色
在人多的地方筑巢以躲避天敌

👁 🔊 书中编号 97

22 长嘴捕蛛鸟

Arachnothera longirostra
并非只吃蜘蛛
芭蕉花蜜的狂热爱好者
嘴适合探进长长的花冠里吸蜜

👁 🔊 书中编号 94

23 朱背啄花鸟

Dicaeum cruentatum
体型娇小，头、背和腰部鲜红
寄生植物重要的种子散播者
常常和其他啄花鸟混群

👁 🔊 书中编号 89

24 钳嘴鹳

Anastomus oscitans
长嘴如钳，以螺蚌为主食
对入侵物种福寿螺有控制作用
2006 年在国内首次发现

👁 🔊 书中编号 2

28 家八哥

Acridotheres tristis
植物园最常见的椋鸟之一
飞行时翅下清晰的"八"字
伴随人类居住区分布的鸟类

👁 🔊

29 东方田鹨

Anthus rufulus
版纳植物园大草坪的常住民
通常在地面筑巢
为了保护幼鸟而豁出性命的
"拟伤行为"

👁 🔊

30 鹊鸲

Copsychus saularis
俗称"猪屎渣""四喜"
和喜鹊很像，但个头更小
雌性整体色调为暗灰色

👁 🔊 书中编号 79

34 戴胜

Upupa epops
展开的冠羽如同女子所戴的华胜
巢穴恶臭无比，俗称"臭咕咕"
广泛分布于全国各地

👁 🔊 书中编号 32

35 灰头绿鸠

Treron phayrei
极具热带风情的"绿鸽子"
喜爱榕果的"吃货"
常常集群活动

👁 🔊 书中编号 9

• • • • • • 更多鸟儿在书中呈现

《雨林飞羽》八年后由中国林业出版社再版，我们在上一版的基础上，修订了部分内容，更新了《中国科学院西双版纳热带植物园鸟类名录》，特别设计了便捷的信息检索与观测辅助内容。还为读者准备了图鉴百科，微信扫描书后的激活码，登录【看见万物】小程序，查询书中鸟种，一本移动的鸟类百科就在手中。

百花园

吊桥

沙洲

专家公寓

百香园

南药园

百竹园

国树国花园

百果园

电站大桥

小吊桥

能源植物园

百花亭

树木园

棕榈园

博物馆

生态站

野生食用植物园

截至 2025 年 2 月，
版纳植物园共记录了
63 种兽类、
337 种鸟类、
46 种爬行动物、
28 种两栖动物、
468 种蝴蝶、
920 种蜘蛛。

版纳植物园
概况

⊙中国科学院西双版纳热带植物园（简称版纳植物园）成立于 1959 年，是集科学研究、物种保存与科普教育为一体的综合性研究机构和国内外知名的风景名胜区。全园占地面积约 1125 公顷，收集 14000 多种热带植物，建有 39 个植物专类区，保存有一片面积约 250 公顷的原始热带雨林，是我国面积最大、收集物种最丰富、植物专类园区最多的植物园，也是世界上户外保存植物种数和向公众展示的植物类群数最多的植物园；同时也是进行博物观察的绝佳场所。版纳植物园拥有"全国科普教育基地""首批中国十大科技旅游基地""全国文明单位""国家知识创新基地""全国青少年科技教育基地""国家环保科普基地""全国研学旅游示范基地"等荣誉称号。

绿石林保护区

情侣峰

为帮助读者轻松入门并享受观鸟乐趣，本书特别设计了便捷的信息检索与观测辅助参考：

鸟种信息检索： 每个鸟种页面均标注唯一序号，读者可通过序号在目录或正文中快速定位对应页码。

体型对比可视化： 鸟类体型大小与本书本尺寸的对比图例，直观呈现鸟类真实体型差异。

科学依据说明： 本书使用的鸟类分类系统依据《中国鸟类分类与分布名录（第四版）》（郑光美，2023）。鸟类的保护级别，依据《国家重点保护野生动物名录》（国家林业和草原局、农业农村部公告2021年第3号，现行有效版本）标注；濒危等级依据国际自然保护联盟（IUCN）《濒物种红色名录》标注。

所属目

所属科

中文名

学名

英文名

版纳植物园观鸟位置信息

物种照片

页码

页边检索

雀形目 PASSERIFORMES

阔嘴鸟科 Eurylaimidae

银胸丝冠鸟

Serilophus lunatus | Silver-breasted Broadbill

40

国 II | LC

银胸丝冠鸟

Serilophus lunatus | Silver-breasted Broadbill

长尾阔嘴鸟的尾部约占它体长的一半，使其看起来比较修长。但银胸丝冠鸟与阔嘴鸟科的其他成员一样，长着一副粗壮的身材。从正面观察，它似乎平淡无奇，但若从侧面欣赏，你会发现它确实值得细品味：灰色的头部点缀着黄色眼周和黑色眼罩，栗色的肩背部衬托着具有蓝色翅斑的黑色翅膀。银胸丝冠鸟与同属一科的长尾阔嘴鸟一样，具有悬挂于树枝末端的鸟巢。它喜欢飞行时在树叶间捕食，经常结小群在树冠下层活动，也会与其他鸟种混群。

作为留鸟，银胸丝冠鸟在版纳植物园的种群并不稳定，只是偶尔出现在热带雨林区或者绿石林保护区，也会光顾西区的树木园或榕树园等地。如果你特别想欣赏这种鸟，而在版纳植物园未能如愿的话，那么建议你去南贡山或者西双版纳热带雨林国家公园望天树景区碰碰运气，那里的观察记录更稳定。

中国科学院西双版纳热带植物园 热带雨林区、绿石林保护区

书中编号 · 中文名 · 鸟与本书比例对比

| 040 | 银胸丝冠鸟 |
| 国Ⅱ LC | *Serilophus lunatus* \| Silver-breasted Broadbill |

濒危等级 · 学名 · 英文名

保护级别 国Ⅰ
国Ⅱ
空白为无保护等级

比例参照

有鸟高飞——中国科学院西双版纳热带植物园·鸟类图谱

摄影 赵江波

081

濒危等级

EX 灭绝
EW 野外灭绝
CR 极危
EN 濒危
VU 易危
NT 近危
LC 无危
DD 数据缺乏
NE 未评估

_____

_____

_____

_____

这些都是有可能在版纳植物园观测到的鸟类,你可以通过它的体型猜出这些鸟的名字吗?

试试能否在书中找到它们?
可以在对应的鸟类_____上写下书中编号。

全书收录

13 目

43 科

100 种

有鸟高飞

——中国科学院西双版纳热带植物园
·鸟类图谱

赵江波
王西敏
顾伯建
○ 著

THE
WAYS 小途·探秘·系列丛书

📖 **配套小程序使用方法**

• 手机微信扫描下方激活码，输入
本书封底授权码即可使用。

• 已经绑定授权码的用户，可通过
"看见万物"小程序，依次点击"学
习"-->"拥有"-->"百科图书"
随时查阅。

• 如有使用问题，请发邮件至：
service@theways.cn

小途公众号　　看见万物

ISBN 978-7-5219-3159-4

9 787521 931594 >

定价：68.00 元